案例名称　打开 APP UI 图像文件（49 页）
视频位置　视频 \ 第 3 章 \3.2.1 打开 APP UI 图像文件 .mp4

案例名称　放大与缩小显示 APP UI 图像（50 页）
视频位置　视频 \ 第 3 章 \3.2.2 放大与缩小显示 APP UI 图像 .mp4

案例名称　运用辅助工具设计 APP UI 图像（51 页）
视频位置　视频 \ 第 3 章 \3.2.3 运用辅助工具设计 APP UI 图像 .mp4

案例名称　运用工具裁剪 APP UI 图像（52 页）
视频位置　视频 \ 第 3 章 \3.2.4 运用工具裁剪 APP UI 图像 .mp4

案例名称　变换与编辑 APP UI 图像
视频位置　视频 \ 第 3 章 \3.2.5 变换与编辑 APP UI 图像 .mp4

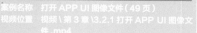

抠图（57 页）
3.3 运用矩形选框工具抠图

U0309329

案例名称　运用魔术橡皮擦工具抠图（60 页）
视频位置　视频 \ 第 3 章 \3.3.5 运用魔术橡皮擦工具抠图 .mp4

案例名称　自动校正移动 APP UI 图像色彩（63 页）
视频位置　视频 \ 第 3 章 \3.4.1 自动校正移动 APP UI 图像色彩 .mp4

案例名称　运用"亮度 / 对比度"命令调整 APP UI 图像（64 页）
视频位置　视频 \ 第 3 章 \3.4.2 运用"亮度 / 对比度"命令调整 APP UI 图像 .mp4

本书精彩案例

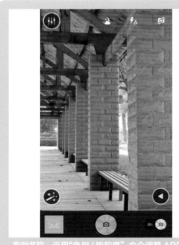

案例名称　运用"色相／饱和度"命令调整 APP UI 图像（65 页）

视频位置　视频＼第 3 章＼3.4.3 运用"色相／饱和度"命令调整 APP UI 图像 .mp4

案例名称　输入横排 APP UI 图像文字（67 页）

视频位置　视频＼第 3 章＼3.5.1 输入横排 APP UI 图像文字 .mp4

案例名称　输入直排 APP UI 图像文字（67 页）

视频位置　视频＼第 3 章＼3.5.2 输入直排 APP UI 图像文字 .mp4

案例名称　输入段落 APP UI 图像文字（69 页）

视频位置　视频＼第 3 章＼3.5.3 输入段落 APP UI 图像文字 .mp4

案例名称　设置 APP UI 文字属性（70 页）

视频位置　视频＼第 3 章＼3.5.4 设置 APP UI 文字属性 .mp4

案例名称　创建 APP UI 变形文字效果（71 页）

视频位置　视频＼第 3 章＼3.5.5 创建 APP UI 变形文字效果 .mp4

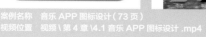

案例名称　音乐 APP 图标设计（73 页）

视频位置　视频＼第 4 章＼4.1 音乐 APP 图标设计 .mp4

案例名称　邮箱 APP 图标设计（76 页）

视频位置　视频＼第 4 章＼4.2 邮箱 APP 图标设计 .mp4

本书精彩案例

案例名称　视频 APP 图标设计（78 页）
视频位置　视频 \ 第 4 章 \4.3 视频 APP 图标设计 .mp4

案例名称　登录背景图形设计（100 页）
视频位置　视频 \ 第 5 章 \5.3 登录背景图形设计 .mp4

案例名称　操作鼠标形状设计（88 页）
视频位置　视频 \ 第 5 章 \5.1 操作鼠标形状设计 .mp4

案例名称　APP 标题文字设计（95 页）
视频位置　视频 \ 第 5 章 \5.2APP 标题文字设计 .mp4

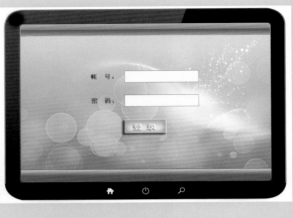

案例名称　APP 登录按钮设计（107 页）
视频位置　视频 \ 第 6 章 \6.1APP 登录按钮设计 .mp4

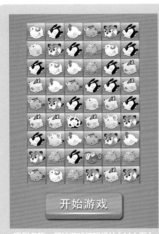

案例名称　开始游戏按钮设计（114 页）
视频位置　视频 \ 第 6 章 \6.2 开始游戏按钮设计 .mp4

案例名称　APP 命令按钮设计（119 页）
视频位置　视频 \ 第 6 章 \6.3APP 命令按钮设计 .mp4

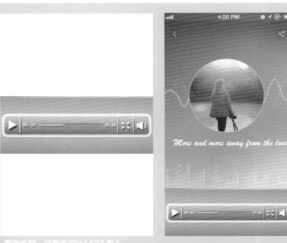

案例名称　进度条设计（127 页）
视频位置　视频 \ 第 7 章 \7.1 进度条设计 .mp4

案例名称　解锁滑块设计（133 页）
视频位置　视频 \ 第 7 章 \7.2 解锁滑块设计 .mp4

本书精彩案例

案例名称　切换条设计（141页）
视频位置　视频 \ 第 7 章 \7.3 切换条设计 .mp4

案例名称　会话框设计（148页）
视频位置　视频 \ 第 8 章 \8.1 会话框设计 .mp4

案例名称　搜索框设计（153页）
视频位置　视频 \ 第 8 章 \8.2 搜索框设计 .mp4

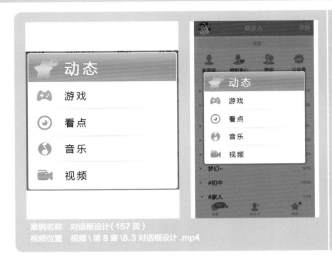

案例名称　对话框设计（157 页）
视频位置　视频 \ 第 8 章 \8.3 对话框设计 .mp4

案例名称　标签栏设计（165 页）
视频位置　视频 \ 第 9 章 \9.1 标签栏设计 .mp4

案例名称　导航栏设计（169 页）
视频位置　视频 \ 第 9 章 \9.2 导航栏设计 .mp4

案例名称　屏幕待机列表设计（177 页）
视频位置　视频 \ 第 9 章 \9.3 屏幕待机列表设计 .mp4

案例名称　智能拨号界面设计（187 页）
视频位置　视频 \ 第 10 章 \10.1 智能拨号界面设计 .mp4

案例名称　应用程序界面设计（190 页）
视频位置　视频 \ 第 10 章 \10.2 应用程序界面设计 .mp4

本书精彩案例

案例名称　磁盘清理界面设计（201 页）
视频位置　视频\第 10 章\10.3 磁盘清理界面设计.mp4

案例名称　手机社区 APP 界面设计（211 页）
视频位置　视频\第 11 章\11.1 手机社区 APP 界面设计.mp4

案例名称　手机空间 APP 界面设计（217 页）
视频位置　视频\第 11 章\11.2 手机空间 APP 界面设计.mp4

案例名称　云社交 APP 界面设计（223 页）
视频位置　视频\第 11 章\11.3 云社交 APP 界面设计.mp4

案例名称　移动 WiFi 登录界面设计（231 页）
视频位置　视频\第 12 章\12.1 移动 WiFi 登录界面设计.mp4

案例名称　天气预报 APP 界面设计（236 页）
视频位置　视频\第 12 章\12.2 天气预报 APP 界面设计.mp4

案例名称　照片美化 APP 界面设计（240 页）
视频位置　视频\第 12 章\12.3 照片美化 APP 界面设计.mp4

本书精彩案例

案例名称　视频播放 APP 界面设计（245 页）
视频位置　视频 \ 第 13 章 \13.1 视频播放 APP 界面设计 .mp4

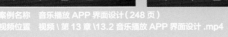

案例名称　音乐播放 APP 界面设计（248 页）
视频位置　视频 \ 第 13 章 \13.2 音乐播放 APP 界面设计 .mp4

案例名称　休闲游戏 APP 界面设计（251 页）
视频位置　视频 \ 第 13 章 \13.3 休闲游戏 APP 界面设计 .mp4

本书精彩案例

Adobe
Photoshop CC

APP UI 设计 | 从入门到精通

华天印象 编著

人民邮电出版社
北京

图书在版编目（CIP）数据

Photoshop CC APP UI设计从入门到精通 / 华天印象
编著. -- 北京：人民邮电出版社，2016.12
ISBN 978-7-115-43674-0

Ⅰ. ①P… Ⅱ. ①华… Ⅲ. ①图象处理软件②移动终
端—人机界面—程序设计 Ⅳ. ①TP391.413②TN929.53

中国版本图书馆CIP数据核字(2016)第260314号

内 容 提 要

　　本书是一本讲解如何使用 Photoshop CC 软件进行移动 APP UI 设计的实例操作型自学教程，可以帮助成千上万的 UI 设计爱好者，特别是手机 APP 设计人员提高 UI 设计制作能力，拓展移动 APP UI 视觉设计思路。

　　本书共 13 章，具体内容包括 APP UI 设计新手入门，APP UI 设计的特性，Photoshop CC 的 UI 常用操作，设计 APP UI 图标，设计 APP UI 图形，设计 APP UI 按钮，设计 APP UI 进度条、滑块、切换条，设计 APP UI 功能框，设计 APP UI 导航、标签、列表，手机系统类 UI 设计，社交通信类 APP 界面设计，工具应用类 APP 界面设计，影音娱乐类 APP 界面设计等内容。读者学习后可以融会贯通、举一反三，制作出更多更加精彩、完美的移动 APP UI 效果。

　　本书结构清晰、语言简洁，随书资源包括书中所有案例的素材文件和效果文件，以及全部案例的操作演示视频，便于读者提高学习效率。本书适合对 UI 设计感兴趣的读者学习，特别是手机 APP 设计人员、平面广告设计人员、网站美工人员以及游戏界面等设计人员，同时，也可以作为 UI 设计相关培训机构、中职中专、高职高专等院校的辅导教材。

◆ 编　　著　华天印象
　　责任编辑　张丹阳
　　责任印制　陈　犇

◆ 人民邮电出版社出版发行　　北京市丰台区成寿寺路 11 号
　　邮编　100164　　电子邮件　315@ptpress.com.cn
　　网址　http://www.ptpress.com.cn
　　北京画中画印刷有限公司印刷

◆ 开本：787×1092　1/16
　　印张：16　　　　　　　　彩插：4
　　字数：406 千字　　　　　2016 年 12 月第 1 版
　　印数：1—3 000 册　　　　2016 年 12 月北京第 1 次印刷

定价：69.00 元（附光盘）

读者服务热线：**(010)81055410**　印装质量热线：**(010)81055316**
反盗版热线：**(010)81055315**
广告经营许可证：**京东工商广字第 8052 号**

前 言

PREFACE

本书简介

本书是由资深APP UI设计师总结其多年来对移动APP UI设计制作的经验编写而成，主要讲述了移动APP UI设计的重要功能以及应用方法。在讲解上全面且深入，在内容编排上新颖而突出，Photoshop CC与APP UI设计和应用的完美结合，更是让本书的实用性大大增强。

本书以"零基础"为起点，以"实战操作"为主，通过13大专题讲解，由浅入深、循序渐进，从两条线帮助读者从入门到精通移动APP UI设计，从新手成为APP设计高手。

本书特色

特 色	特 色 说 明
深入浅出，简单易学	针对APP开发人员或美工人员，本书涵盖了移动APP UI设计各个方面的内容，如常用元素、手机系统、各类APP等，深入浅出，简单易学，让读者一看就懂
内容翔实，结构完整	在全面掌握移动APP UI设计技巧的同时，针对APP UI中的6大核心元素的相关技巧和设计进行讲解，逐步完成APP UI设计，从零到专迅速提高，并囊括了4种不同类型的综合实例演练，从多角度讲解移动APP UI的设计技能
举一反三，经验传授	书中筛选设计工作中遇到的经典案例，详细剖析制作方法，每个案例均配有相应的素材、效果源文件，使读者不仅能轻松掌握具体的操作方法，还可以做到举一反三，融会贯通
全程图解，视频教学	本书全程图解剖析，版式美观大方、新鲜时尚，利用图示标注对重点知识进行图示说明，同时对书中的技能实例全部录制了带语音讲解的高清教学视频，让读者能够轻松阅读，提升学习和设计的兴趣

本书内容

本书共分为3篇：UI设计入门、APP UI进阶、APP综合实战，具体章节内容如下。

篇 章	主 要 内 容
第 1 篇 UI设计入门（第1~3章）	主要向读者介绍了APP UI设计新手入门知识、APP UI设计的特性以及Photoshop CC的UI常用操作等内容
第 2 篇 APP UI进阶（第4~9章）	主要向读者介绍了APP UI中的图标、图形、按钮、进度条、滑块、切换条、功能框、导航、标签、列表等设计与制作方法
第 3 篇 APP综合实战（第10~13章）	主要向读者介绍了手机系统类UI设计、社交通信类APP界面设计、工具应用类APP界面设计、影音娱乐类APP界面设计等不同类型的移动APP UI设计实例

配套资源

- 书中所有案例的素材文件和效果文件
- 全部案例的操作演示视频共250多分钟
- 丰富、实用的设计素材模板

编者

目 录

CONTENTS

第 **1** 篇

UI 设计入门

第 **01** 章

APP UI设计新手入门

❃ 学前提示

什么是设计？什么是UI？在IT界中经常会听到各种专业词汇，跨入这个行业，才知道UI是英文User Interface（用户界面）的缩写。那么在学习APP UI设计之前，首先要了解什么是设计以及APP UI设计的一些基本平台、界面特点、制作流程以及注意事项等，为后面的学习和制作APP UI设计打下良好的基础和铺垫。

❃ 本章知识重点

- 概念解读：认识APP UI设计
- APP平台：主流手机操作系统
- 入门基础：手机界面与设计流程

❃ 学完本章后应该掌握的内容

- 掌握APP UI设计的基本概念和特点
- 掌握APP UI设计中的手机界面布局
- 掌握各大手机操作系统平台的界面特色
- 掌握APP UI设计的基本流程

1.1 概念解读：认识APP UI设计

设计就是把一种计划、规划、设想通过视觉的形式传达出来的行为过程。简单地说，设计就是一种创造行为，是一种解决问题的过程，其区别于其他艺术类的主要特征之一就是设计更具有独创性。

APP UI设计的相关知识，包括UI设计、APP UI的概念和特点、手机的界面特色以及不同APP UI的视觉效果等，只有认识并且了解APP UI设计的基本知识，才能更好地设计出优秀的APP产品。

1.1.1 UI设计：人和工具之间的界面

UI是指用户界面，由英文User Interface翻译而来，是User Interface的缩写，概括成一句话就是——它是人和工具之间的界面。这个界面实际上体现在生活中的每一个环节，例如，操作电脑时鼠标与手就是这个界面，吃饭时筷子和饭碗就是这个界面，在景区旅游时路边的线路导览图就是这个界面。

在设计领域中，UI可以分成硬件界面和软件界面两个大类。本书主要讲述的是软件界面，介于用户与平板电脑、手机之间的一种移动界面，也可以称之为特殊的或者是狭义的UI设计。

如图1-1所示是热门的图像处理类应用软件"美图秀秀"APP的启动界面和主菜单界面。

图1-1 "美图秀秀"APP的启动界面和主界面

1.1.2 APP UI：用户和手机之间的界面

APP是可以安装在手机上的软件，完善原始系统的不足，体现个性化。

APP UI是指移动APP的人机交互、操作逻辑、界面美观的整体设计。好的APP UI设计可以提升产品的个性和品位，为用户带来舒适、简单、自由的使用体验，同时也可以体现出APP产品的基本定位和特色。

图1-2所示为手机APP UI展示效果。

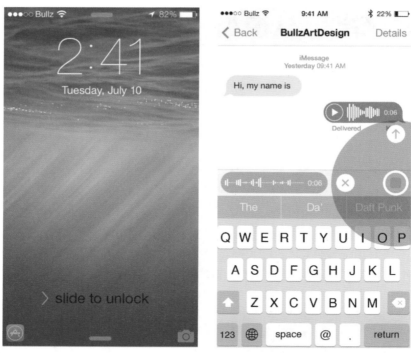

图1-2 手机APP UI展示

图1-3所示为平板电脑中的游戏APP UI展示效果。

图1-3 游戏APP UI展示

1.1.3 设计特点：小巧轻便、通信便捷

APP UI将各类手机应用和UI设计结合起来，使其成为一个整体，且具备小巧轻便、通信便捷的特点。

● 小巧轻便：APP可以内嵌到各种智能手机中，用户可以随身携带，随时随地打开这些APP，满足某些需求。另外，移动互联网的优势使用户可以通过各种APP快速沟通并获得资讯。图1-4所示为"百度糯米"APP的界面，用户通过手机即可获得各种吃喝玩乐的生活资讯。

图1-4　"百度糯米"APP的界面

● 通信便捷：移动APP使人与人之间的沟通变得更加方便，可以跨通信运营商、跨操作系统平台，通过无线网络快速发送免费语音短信、视频、图片和文字。图1-5所示为"微信"APP的"摇一摇"界面，用户可以通过"摇一摇""搜索号码""附近的人"和扫二维码等方式添加好友和关注公众平台，同时可以将内容分享给好友或分享到朋友圈。

图1-5　"微信"APP的"摇一摇"界面

1.1.4 设计基础：熟悉手机的界面特色

随着科技的发展，现在智能手机的功能越来越多，而且越来越强大，甚至可以和计算机相媲美。

想要设计出优秀的APP用户界面，用户还需要熟悉智能手机的界面构造。手机的主要界面可分为几个标准的信息区域（主要针对按键手机，而触屏手机相对灵活）：状态栏、标题区、功能操作区和公共导航区等。

图1-6所示为"工商银行手机银行"APP的UI构成。

图1-6 手机界面构成的基本单位

● 状态栏：用于显示手机目前的运行状态及事件的区域，主要包括应用通知、手机状态、网络信号强度、运营商名称、电池电量、未处理事件及数量，以及时间等要素。在APP UI设计过程中，状态栏并不是必须存在的元素，用户可依照交互需求进行取舍。

● 标题区：主要用于放置APP的Logo、名称、版本及相关图文信息。

● 功能操作区：它是APP应用的核心部分，也是手机版面上面积最大的区域，通常包含有列表（list）、焦点（highlight）、滚动条（scroalbar）和图标（icon）等多种不同元素。在各个APP内部，不同层级的用户界面包含的元素可以相同，也可以不同，用户可以根据实际情况进行合理的搭配运用，如图1-7所示。

图1-7 同一个APP中不同层级的用户界面

● 导航栏：也称之为公共导航区或软键盘区，它是对APP的主要操作进行宏观操控的区域，可以出现在该APP的任何界面中，方便用户进行切换操作。

APP运行在手机操作系统的软件环境中，其UI设计应该要符合这个应用平台的整体风格，这样有利于产品外观的整合。

手机界面效果的规范性包括以下两个方面，如图1-8所示。

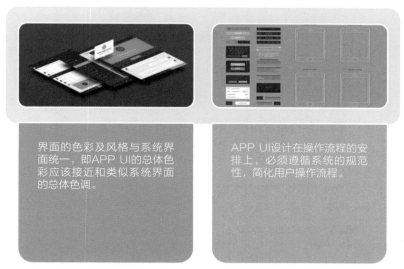

界面的色彩及风格与系统界面统一，即APP UI的总体色彩应该接近和类似系统界面的总体色调。

APP UI设计在操作流程的安排上，必须遵循系统的规范性，简化用户操作流程。

图1-8　手机界面效果的规范性

手机界面的整体性和一致性是基于手机系统视觉效果的和谐统一而考虑的，而手机界面效果的个性化是基于软件本身的特征和用途而考虑的。界面效果的个性化包括以下几个方面，如图1-9所示。

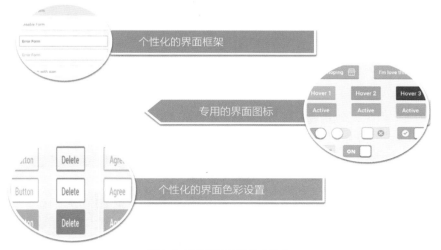

个性化的界面框架

专用的界面图标

个性化的界面色彩设置

图1-9　手机界面效果的个性化

1.1.5　视觉效果：为用户带来不一样的美感

做得好的APP UI设计具有一定的视觉效果，可以直观、生动、形象地向用户展示信息，从而简明便捷地让用户产生审美想象。

1. 简约明快的视觉效果

简约明快型的APP UI设计追求的是空间的实用性和灵活性，可以让用户感受到简洁明快的时代感和纯抽象的美。在视觉效果上，应尽量突出个性和美感，如图1-10所示。

图1-10 简约明快型APP界面

简约明快型的APP UI设计更适合色彩支持数量较少的彩屏手机，其主要特点如下。

- 通过组合各种色块和线条，使移动界面更加简约大气，如图1-11所示。

图1-11 各种色块和线条组合的APP 界面

- 通过点、线、面等基本形状构成的元素，再加上纯净的色彩搭配，使界面更加整齐有条理，给用户带来赏心悦目的感觉，如图1-12所示。

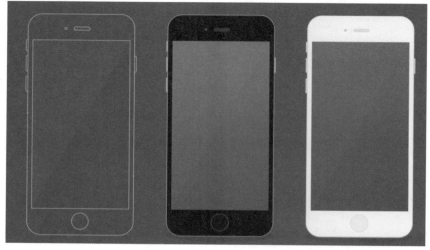

图1-12 纯净的色彩搭配组成的APP UI背景

2. 趣味型的视觉效果

趣味性是指某件事或者物的内容能使人感到愉快，能引起人的兴趣的特性。

在APP UI设计中，趣味性主要是指通过一种活泼的版面视觉语言，使界面具备亲和力、视觉魅力和情感魅力，让用户在新奇、振奋的情绪下深深地被界面中展示的内容所吸引。图1-13所示为趣味与独创型界面。

图1-13　趣味与独创型APP界面

3. 高贵华丽型的视觉效果

高贵华丽型的APP UI设计，主要是通过运用饱和的色彩和华丽的质感来塑造超酷、超炫的视觉感受，整体营造出一种华丽、高贵、温馨的感觉。图1-14所示为高贵华丽型的APP界面。

图1-14　高贵华丽型APP界面

由于高贵华丽型的APP界面设计需要用到很多的色彩和各类设计元素，因此更适合色彩支持数量较多的彩屏手机。

1.2 APP平台：主流手机操作系统

在移动互联网时代，Android、iOS、Windows等智能操作系统成为用户应用APP的基本入口，如图1-15所示。

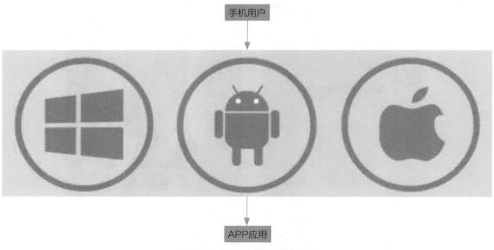

图1-15 手机操作系统的地位

因此，用户除了要了解APP UI设计的基本概念外，还必须认识Android、iOS、Windows三大主流系统，以此熟悉移动设备的主流平台和设计的基本原则。

1.2.1 谷歌Android系统

Android是由Google基于Linux开发的一款移动操作系统。

在移动设备的操作系统领域，iOS和Android系统的竞争十分激烈，它们都希望占据更大的市场份额。目前，由于市面上存在众多的Android系统OEM厂商，因此Google的Android操作系统处在移动系统的领先位置，如图1-16所示。

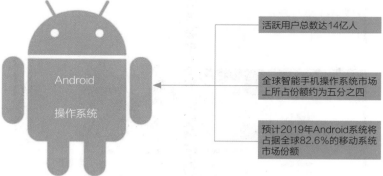

图1-16 Android操作系统占据了大部分的移动设备市场份额

Android操作系统的APP UI设计基本原则就是要拥有漂亮的界面，设计者可以设置精心的动画或者及时的音效，带给用户一种更加愉悦的体验，如图1-17所示。

图1-17　APP UI设计中的动画效果

　　另外，Android用户可以直接触屏操作APP中的对象，这样有助于降低用户完成任务时的认知难度，进一步提高用户对APP的满意度。例如，在"最美天气"APP的界面中，用户可以通过滑动屏幕的方式，查看更多的天气资讯，如图1-18所示。

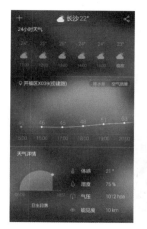

图1-18　"最美天气"APP界面

　　在设计Android操作系统的APP界面时，设计者应尽量使用图片来表达信息，图片比文字更容易理解，而且更加吸引用户的注意力。例如，在"暴风影音"APP的界面中，就采用了大量直观的图标菜单和图片目录列表，如图1-19所示。

图1-19　"暴风影音"APP界面

1.2.2　苹果iOS系统

　　iOS是由苹果公司开发的一种采用类Unix内核的移动操作系统，最初是为iPhone设计的，后来陆续套用到iPod touch、iPad以及Apple TV等产品上。

　　● iPod touch：一款由苹果公司推出的便携式移动产品。iPod touch与iPhone相比造型更加轻薄，彻底改变了人们的娱乐方式，如图1-20所示。

图1-20　iPod touch

　　● iPad：苹果公司发布的平板电脑系列，提供浏览网站、收发电子邮件、观看电子书、播放音频或视频、玩游戏等功能，如图1-21所示。

图1-21　iPad产品

　　● Apple TV：由苹果公司设计、营销和销售的数字多媒体播放机。

　　乔布斯在首次展示iPhone手机时说："我们今天将创造历史。1984年Macintosh改变了计算机，2001年iPod改变了音乐产业，2007年iPhone要改变通信产业"。

　　如今，乔布斯的预言的确实现了，基于iOS系统的iPhone将智能手机推向了新的舞台，引发了移动互联网时代的爆发，改变了互联网行业的入口格局，如图1-22所示。

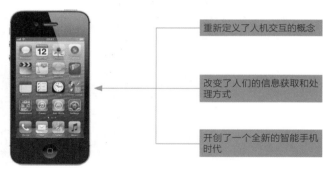

图1-22　iPhone对互联网行业的改变

对于UI设计者而言，iOS操作系统带来了更多的开发平台。下面简单分析iOS操作系统APP应用的UI设计基本原则。

● 便捷的操作：iOS操作系统中的APP应用通常具有圆润的轮廓和程式化的梯度，操作非常便捷，如图1-23所示。

● 清晰明朗的结构，便捷的导航控制：在设计APP界面时，应该尽量将所有的导航操作都安排在一个分层格式中，使用户可以随时看到当前的位置，如图1-24所示。

图1-23　iPhone的操作十分便捷　　　　图1-24　便捷的导航控制

高手指引

另外，设计者还应该在 APP 界面中提供当前界面标记和后退按钮。

● 当前界面标记：用户可以及时了解自己所处的位置，清楚每一个界面的主要功能和特点。

● 后退按钮：可以快速退出当前界面，返回 APP 主界面。

另外，苹果公司还推出了车载iOS系统，用户可以将iOS设备与车辆无缝结合，使用汽车的内置显示屏和控制键，或Siri免视功能与苹果移动设备实现互动，如图1-25所示。

图1-25　车载iOS系统界面

1.2.3　微软Windows Phone系统

Windows Phone（简称为WP）是微软于2010年10月21日正式发布的一款手机操作系统，如图1-26所示。

图1-26 Windows Phone系统

Windows Phone操作系统采用"Metro UI"的界面风格，并在系统中整合了Xbox Live游戏、Xbox Music音乐与独特的视频体验。

高手指引

Metro 风格界面设计风格优雅，可以令用户获取一个美观、快捷流畅的界面和大量可供使用的新应用程序。Metro 为用户带来了出色的触控体验，同时又可以支持使用鼠标、触控板和键盘工作。

2012年6月21日，微软发布Windows Phone 8手机操作系统，采用与Windows系统相同的Windows NT内核，并且支持很多新的特性，如图1-27所示。

图1-27 Windows Phone 8系统

2015年5月14日，微软正式宣布以Windows 10 Mobile作为新一代Windows 10手机版的正式名称，如图1-28所示。Windows Phone 8.1则可以免费升级到Windows 10 Mobile版本。

图1-28 Windows Phone 10系统

　　Windows 10 Mobile操作系统的界面非常整洁干净，其独特的内容替换布局的设计理念更是让用户回到了内容本身，其设计原则应该是"光滑""快""现代"。

　　Windows 10 Mobile操作系统的"Metro UI"是一种界面展示技术，和苹果的iOS界面、谷歌的Android界面最大的区别在于：后两种都是以应用为主要呈现对象，而Metro界面强调的是信息本身，而不是冗余的界面元素。

　　另外，Metro界面的主要特点是完全平面化、设计简约，没有像iOS界面一样采用渐变、浮雕等质感效果，这样可以营造出一种身临其境的感受，如图1-29所示。

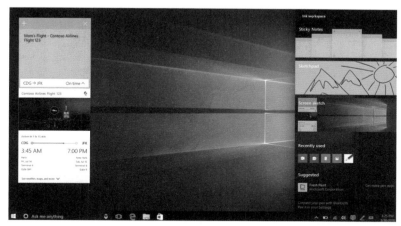

图1-29　Windows Phone 10系统的平板模式

　　Windows操作系统不断进入移动终端市场，试图打破人们与信息和APP之间的隔阂，提供优秀的"端到端"的体验，使其适用于人们的工作、生活和娱乐的方方面面。

1.3　入门基础：手机界面与设计流程

　　APP界面是移动设备的操作系统、硬件与用户进行人机交互的窗口，设计界面时必须基于手机的物理特性和软件的应用特性进行合理的设计，界面设计者首先应对移动设备的常用界面有所了解。

1.3.1　手机界面：品类繁多、特点各异

　　就互联网入口的网络部分而言，接入网络总是需要设备的。目前国内最流行的设备除了平板电脑，还有一种使用更为广泛的设备就是智能手机。

　　在智能手机中，通过结合"无线网络＋APP应用"可以实现很多意想不到的功能，这些都为智能手机的流行和APP UI设计的发展奠定了一定的基础。

　　常用的手机界面主要分为以下3类。

- Android手机界面

　　Android操作系统的手机可以说是品类繁多，其屏幕尺寸和分辨率都有很大的差异。表1-1所示为Android智能手机常用的屏幕尺寸和分辨率。

表1-1　Android智能手机常用的屏幕尺寸和分辨率

屏幕尺寸	分辨率
2.8英寸	640像素×480像素（VGA）
3.2英寸	480像素×320像素（HVGA）
3.3英寸	854像素×480像素（WVGA）
3.5英寸	480像素×320像素（HVGA）

续表

屏幕尺寸	分辨率
3.5英寸	800像素×480像素（WVGA）
	854像素×480像素（WVGA）
	960像素×640像素（DVGA）
3.7英寸	800像素×480像素（WVGA）
	800像素×480像素（WVGA）
	960像素×540像素（qHD）
4.0英寸	800像素×480像素（WVGA）
	854像素×480像素（WVGA）
	960像素×540像素（qHD）
	1136像素×640像素（HD）
4.2英寸	960像素×540像素（qHD）
4.3英寸	800像素×480像素（WVGA）
	960像素×640像素（qHD）
	960像素×540像素（qHD）
	1280像素×720像素（HD）
4.5英寸	960像素×540像素（qHD）
	1280像素×720像素（HD）
	1920像素×1080像素（FHD）
4.7英寸	1280像素×720像素（HD）
4.8英寸	1280像素×720像素（HD）
5.0英寸	480像素×800像素（WVGA）
	1024像素×768像素（XGA）
	1280像素×720像素（HD）
	1920像素×1080像素（FHD）
5.3英寸	1280像素×800像素（WXGA）
	960像素×540像素（qHD）
6.0英寸	1280像素×720像素（HD）
	2560像素×1600像素
7.0英寸	1280像素×800像素（WXGA）
9.7英寸	1024像素×768像素（XGA）
	2048像素×1536像素
10 英寸	1200像素×600像素
	2560像素×1600像素

　　例如，小米手机就是国内Android系统手机的代表。其中，小米5（尊享版）的主屏尺寸为5.15英寸，主屏分辨率为1920像素×1080像素，搭载骁龙820处理器，提供4GB内存和128GB存储空间（UFS 2.0），3000毫安时电池以及索尼1600万像素4轴防抖相机，如图1-30所示。

　　小米5在UI设计上也有不少创新，例如，在视屏通话的过程中可以添加有趣的动画效果，如"么么哒（一个飞吻）""闪瞎了""给你一球"等。

图1-30 小米5（尊享版）

● 苹果手机界面

以iPhone 6s Plus为例，其外观颜色有金色、银色、深空灰、玫瑰金等，屏幕采用高强度的Ion-X玻璃，支持4K（分辨率为4096像素×2160像素）视频摄录。

iPhone 6s Plus的主屏分辨率为1920像素×1080像素，屏幕像素密度为401ppi。iPhone 6s Plus在屏幕上的最大升级是加入了Force Touch压力感应触控（即3D Touch技术），使触屏手机的操作性进一步扩展，如图1-31所示。

> 3D Touch 是一种屏幕压感技术，通过内置硬件和软件感受用户手指的力度，来实现不同层次的操作。用力按一个APP图标会弹出一层半透明菜单，里面包含了该APP应用下的一些快捷操作。

图1-31　iPhone 6s Plus中的3D Touch技术

● 微软手机界面

微软系统的手机除了采用特立独行的Metro用户界面，并搭配动态磁贴（Live Tiles）信息展示及告知系统等特色外，另一大特色就是无缝链接各类应用的丰富"中心"（Hub），如图1-32所示。

图1-32　微软系统的"中心"（Hub）特色

1.3.2　平板界面：操作方便、性能优越

平板电脑（Tablet Personal Computer，简称Tablet PC、Flat Pc、Tablet、Slates），又称为便携式电脑，是一种体积较小、方便携带的微型计算机，以触摸屏作为基本的输入设备，如图1-33所示。

图1-33　平板电脑

平板电脑主要通过触摸屏进行操作，不需要主机、鼠标和键盘等配件，使用起来非常方便。作为一种小型、便捷的微型计算机，平板电脑受到了越来越多用户的喜爱，在2010年～2015年间，平板电脑呈现爆发式增长，形成了一种新的产业格局。

如今，苹果iPad在平板电脑市场中占据了主导地位，它使用的是iOS操作系统，另外一部分市场就是Android系统平板电脑的"天下"了。例如，华为、联想、小米、三星、戴尔、HTC等厂家均推出了基于Android操作系统的平板电脑。图1-34所示为华为M2 10.0平板电脑。

图1-34　华为M2 10.0平板电脑

高手指引

与此同时，微软也不甘落后，在 2015 年的世界移动通信大会（MWC 2015）上，首次展示了 Windows 10 统一平台战略的"代表作"：Windows 10 通用应用（Windows10 Universal App，简称 UWP）平台，如图 1-35 所示。

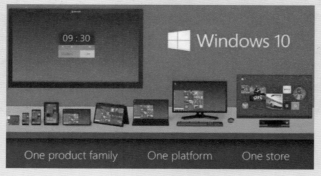

图1-35　Windows 10通用应用平台

通过 UWP 平台，使得任何一款应用都可以在安装了 Windows 10 操作系统的设备上运行，如平板电脑、智能手机、笔记本电脑、台式机、Xbox 家用电视游戏机、HoloLens 3D 全息眼镜、Surface Hub 巨屏触控产品和 Raspberry Pi 2 迷你电脑等设备之间的连接不再有界限。

1.3.3　阶段分析：APP UI设计的基本流程

APP UI设计的基本工作流程包括分析、设计、调研、验证与改进4个阶段，具体流程如图1-36所示。

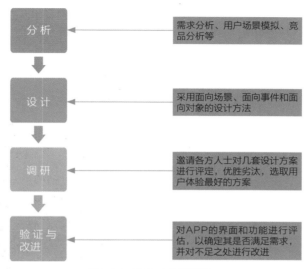

图1-36　APP UI的设计流程

1.3.4　使用要点：APP UI设计的色彩与图案

在设计APP界面的过程中，有很多需要注意的使用禁忌，如色彩、图案等。

1. 色彩的使用要点

对于APP界面设计来说，色彩是最重要的因素，不同颜色代表不同的情绪，因此对色彩的使用应该和APP的主题相契合。如图1-37所示，该APP的导航栏通过运用不同颜色的按钮来代表其激活状态，使用户快速知道自己所处的位置。

图1-37　APP导航栏的色彩设计

25

在APP界面的制作过程中，根据彩色的特性，可以通过调整其色相、明度以及纯度之间的对比关系，或通过各色彩间面积的调和，从而搭配出色彩斑斓、变化无穷的APP UI画面效果。

总之，让自己的APP界面更好看一点，更漂亮一点，这样就会在视觉上更吸引用户，给APP带来更多的下载量。

2. 图案的使用要点

在APP UI的图案设计过程中，每一个页面不要放置过多的内容，这样会让用户难以理解，操作也会显得更加烦琐。

例如，可以使用一些半透明效果的图案来作为播放器的控制栏，使用户在操作时也可以看到视频播放画面，如图1-38所示。

图1-38 半透明的播放器控制栏

第 **02** 章

APP UI设计的特性

✿ 学前提示

在经过前一章的学习之后，相信读者已经对APP UI设计的基础知识有了一个大致的了解，本章将为大家讲解移动应用的特性、手势交互特性以及移动UI设计的文字特性等内容，带领读者了解不知道的APP UI特性和基于这些特性的界面设计原则。

✿ 本章知识重点

- 移动应用：良好的用户体验特性
- 交互动作：降低用户与手机的沟通门槛
- 文字特性：符合用户的阅读习惯

✿ 学完本章后应该掌握的内容

- 掌握提升APP用户体验的8大移动应用特性
- 掌握降低用户与手机的沟通门槛的5大交互动作特性
- 掌握符合用户的阅读习惯的5大文字特性

2.1 移动应用：良好的用户体验特性

在设计APP UI之前，要想APP能够带来良好的用户体验，必须先了解移动应用的基本特性。

2.1.1 高便携性：便于用户随身携带

除了在用户睡熟后，智能手机可能都一直在伴随着用户。人们对于手机的依赖性远远高于计算机、电视等其他电子设备。这个特点决定了使用移动设备上网可以带来计算机上网无可比拟的优越性，即沟通与资讯的获取远比计算机设备方便。

如今，主流智能手机的屏幕虽然变大，但其质量多分布在90g~200g之间，摆脱了以往厚、大的笨重形象，非常便于随身携带，有利于提升用户体验。

例如，OPPO R9采用6英寸大的屏幕，机身设计继续走轻薄路线，通过细腻的打磨工艺来提升手感，拥有1.66mm的窄边框，机身重145g，机身厚度仅6.6mm，屏占比77.68%，如图2-1所示。

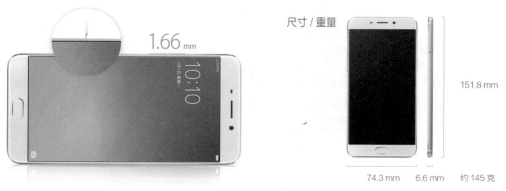

图2-1 OPPO R9

智能手机是APP的载体，而且智能手机的体积往往较小，能够被用户随身携带，也就为用户能够随时使用APP提供了方便。智能手机已经成为大众的常用工具，并且向着更轻、更薄、更智能化的方向发展。

智能手机之所以能够在短时间内普及，被大众普遍接受，主要在于智能手机有如图2-2所示的4个特点。

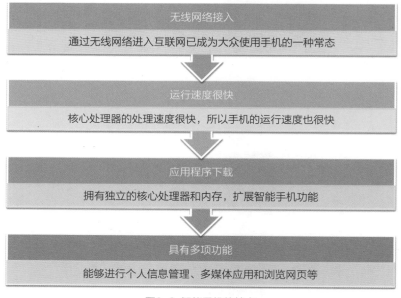

图2-2 智能手机的特点

如今，智能手机已经逐渐代替了计算机、相机等设备，用户可以随时随地使用智能手机进行上网、拍照，也就促使用户随时使用APP提供的服务。图2-3所示为用户使用手机进行拍照，为了获得更好的拍摄效果，用户可能会用到美颜相机、美图秀秀等APP。

图2-3 用户使用手机进行拍照

智能手机的高便携特性还体现在用户可以在一台普通内存的智能手机上下载很多的APP来使用。图2-4所示为联想手机的应用程序界面，用户下载了很多的APP。

图2-4 联想手机的应用程序界面

2.1.2 反馈特性：帮助及时改进APP

在移动应用内部，应该提供某种手段让用户可以反馈使用意见，这也是APP UI设计中至关重要的一点。图2-5所示为"汽车之家"APP反馈功能的相关界面。

图2-5　"汽车之家"APP反馈功能的相关界面

　　反馈的形式可以是短信、调查问卷、电子邮件链接或者实时消息等，形式并不重要，重要的是要让用户快速反映APP中的bug（漏洞），也可以让他们提供建议或提出批评。

　　另外，对于反馈意见的用户，APP开发者一定要及时地回复他们，并采用正确的建议进行改进。

　　总之，APP的内容需要根据用户的需求而定，所以内容的测试反馈也是APP UI设计过程中必不可少的重要环节。图2-6所示为问卷星官网上发布的"APP市场调查问卷"的相关界面。

图2-6　"APP市场调查问卷"的相关界面

　　除了内容设计上的测试反馈之外，在APP正式上线之后，APP的设计团队同样可以采用调查问卷的方式获得用户的相关反馈信息。图2-7所示为"关于读书类APP使用情况调查"的相关界面。

图2-7　"关于读书类APP使用情况调查"的相关界面

2.1.3　定制特性：进一步提升交互性

在很多APP内部，用户都可以根据个人喜好调整APP或者手机系统的界面颜色、字体大小等相关功能，这样不但可以降低APP出错的概率，而且能够激起用户的创造性，使用户更好地与智能手机进行交互。

例如，"91桌面" APP就是一款手机定制化应用，拥有超过25万款精美的手机主题和数百款授权动漫形象，为用户带来丰富的功能插件以及人性化的操作体验，如图2-8所示。

图2-8　"91桌面" APP定制的手机主界面

手机桌面应用已经成为了移动互联网时代用户手机的个性名片，是很多年轻手机用户必装的"美化利器"。"91桌面" APP作为一款拥有亿级用户的跨平台手机桌面应用，已成为广大设计师与手机用户沟通的桥梁，不但帮助用户找到称心如意的手机主题，同时也为更多的设计者提供了发挥创意的平台，如图2-9所示。

图2-9　"91桌面"的主题市场中用户创作的优秀主题作品

通过"91桌面"构建的主题生态圈，手机桌面主题的UI设计已经形成了一种成熟的产业链。据悉，不少UI设计师的月收入超过10万元人民币，而且还有很多单款主题的销售量破万，这些都预示着用户对手机主题庞大的需求。

2.1.4　简约特性：直击用户主要需求

在众多的手机APP中，也许有各种各样酷炫美观但很琐碎的小功能，借此来获取用户的"芳心"。在设计APP界面时，一定要注意这点，过于酷炫的界面和烦琐的功能很容易适得其反，用户操作起来太复杂，也许就容易放弃这个APP。

因此，在设计APP界面时必须找出用户的主要需求，然后制作出可以实现这些需求的界面或功能即可，一切都要遵循简单的原则。

以淘宝网为例，其PC端网站的导航模式与移动端的导航模式就存在较大差别，主要是因为不同界面的设计要求不同而导致的。图2-10所示为淘宝网的PC端网站导航界面，导航条较多，以直接体现产品类别为目标。

图2-10 淘宝网的PC端网站导航界面

作为同一电商平台的APP，移动端展示的内容与PC端毫无区别，但是从用户使用便捷的角度出发，两者的导航模式截然不同。图2-11所示为淘宝网APP的导航界面，导航条中的文字简单，类别也较少。

图2-11 "手机淘宝"APP的分类导航界面

由此可见，根据不同的产品层次深度和广度，APP软件采用的导航模式也不同，但是从整体而言，导航模式以简单明了为主。作为APP设计的首要步骤，简单又合适的导航框架能够直接决定产品信息的延伸和扩展。

高手指引

如今，智能手机的屏幕尺寸已经越来越大，但这个尺寸始终很有限，必须能放进人们的口袋或钱包，因此在 APP UI 设计中，简约是一贯的准则。当然，简约并不是内容上尽可能的少量，而是要注重重点的表达，将用户的需求总结出不同的点即可。

总之，APP是智能手机中必不可少的应用，符合用户视觉体验的APP界面会在用户后续的使用上起到很大的推动作用，简约而清晰的界面或功能确实能为APP加分不少。

图2-12所示为简约的APP登录界面，该登录界面整体给人一种特别清新的感觉，因为整体背景基本采取绿色底调，然后结合了白色线条，视觉效果很舒服。

图2-12　简约的APP登录界面

2.1.5　社交特性：更多的登录和分享

在设计APP时，为了让用户可以马上体验APP，设计者还需要为APP添加更多的社交登录方式，使用户得到更好、更简单的登录体验，而不需要重新去进行注册。

例如，"美图秀秀"APP就采用多种社交登录方式，支持QQ账号、新浪微博、Facebook和Twitter等社交网络账号的登录，如图2-13所示。

图2-13　"美图秀秀"APP支持多种社交登录方式

在设计APP的登录方式时，使用社交账号单点登录技术解决方案，可以让用户使用自己的社交媒体登录到移动应用，并让其保持登录状态，这样有助于增加用户黏性。

另外，设计者还可以在APP中内置一定的社交分享功能，使APP成为一个可以即时分享信息并与其他用户互动的社交平台，通过运用社交元素达到吸引流量的效果。

例如，在"美图秀秀"APP中处理图片后，可以将图片分享到微信朋友圈、微信好友、QQ空间、新浪微博、QQ头像、Facebook和Twitter等社交网络中，如图2-14所示。

图2-14　"美图秀秀"APP支持多种社交分享网络

根据APP类型和主题的不同，对社交元素需要具体融入的功能可以根据实际情况而定，相关的作用分析如图2-15所示。

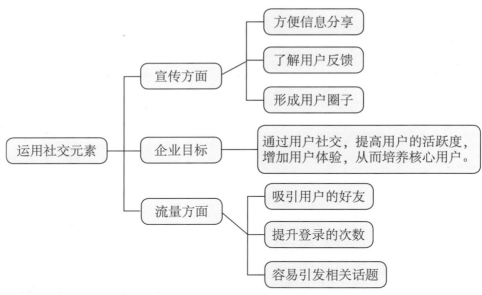

图2-15 在APP中运用社交元素的相关分析

相关统计数据显示，有超过半数的手机用户使用过APP应用中的分享功能。目前，微信、微博和QQ分别位列社交网络应用的前三名，其中微信的分享回流率最高，如图2-16所示。因此，在设计APP UI的社交模块时，应注意添加相应的分享功能。

高手指引

如今，很多 APP 都在利用社交网络来进行推广和传播，并且越来越多的产品在运营时着重关注这一块。如此便看得出，社会化分享给 APP 带来的效果不容忽视，同时这也是 APP UI 设计中的重点部分。

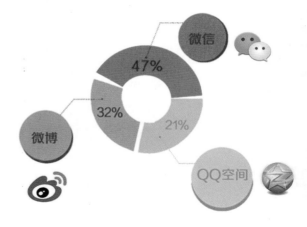

图2-16 社交网络应用的前三名

2.1.6 离线特性：使APP摆脱网络限制

很多时候，用户在户外可能会遇到没有Wi-Fi网络信号，或者手机本身的上网流量已经用完，此时大部分失去网络联接的APP应用就变得完全不可用，这会令用户对APP感到失望。

因此，设计者在设计APP时，应该考虑为其增加离线功能，使APP能够在没有网络信号时也能提供内容或进行交互。例如，"今日头条"APP提供了离线下载新闻的功能，用户可以选择自己感兴趣的新闻类别，并在有无线网络的环境下离线下载，然后在失去无线网络联接时再打开下载的新闻内容阅读，如图2-17所示。

此外，在"今日头条"APP的新闻展示界面中，标题文字居上，缩略图居下，符合用户从上至下的浏览习惯，与同类产品布局方式相异，如图2-18所示。

图2-17　"今日头条"APP的离线下载功能

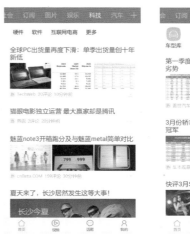

图2-18　"今日头条"APP的新闻展示界面

另外，许多地图APP也增加了离线地图功能，允许用户选择特定区域并点击对应按钮来将所有导航信息下载到手机当中，从而保证在其后无法接入网络时随意使用，如图2-19所示。

添加了离线特性的APP，无论用户在线或离线时都可用通过APP获得信息或者进行交互，可以带来更好的用户体验。

图2-19　地图APP中的离线地图功能

2.1.7　游戏特性：增强APP的趣味性

在APP中添加一定的游戏，不但可以使APP充满乐趣，还可以使用户的交互更加活跃，从而增加APP的黏性。

例如，在"海底捞"APP的最初设计中，只上线了两款休闲小游戏，一款叫hi农场，另一个叫hi拼菜。游戏采用的形式都是当时较为流行的休闲模式，随着游戏用户的增加，进一步提升了海底捞的影响力，这促使APP将游戏模块打造成为了客户端的特色内容。

图2-20所示为"海底捞"APP中的游戏相关界面。

图2-20　"海底捞"APP上的游戏相关界面

目前，"海底捞"APP的游戏模块已经被打造成为了一个完整的游戏平台，内容涉及游戏类型、用户社交、消息提醒和个人中心。

APP通过游戏的方式培养海底捞的核心用户，并在游戏中给出优惠券用于用户的线下消费，给出积分用于用户去兑换商品等，都进一步地提升了用户体验，增加了用户对于"海底捞"APP的支持力度。总之，有趣、有价值和有竞争机制的APP才能成为赢家，这也是APP的游戏特性产生的原因。

2.1.8 独具特色：独具一格的特性

在设计APP UI时，除了要考虑以上特性外，每一个APP还应该有自己的特色，即具备独具一格的特性。

例如，"优衣库"APP中有一个特色功能，就是"虚拟试衣间"，这个功能定位为一个可以按气温、穿衣场合及风格快速为用户推荐搭配组合的智能衣柜，其作用主要如图2-21所示。

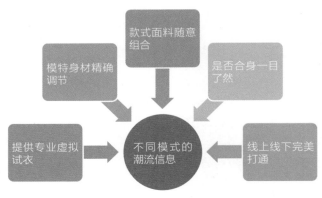

图2-21 "优衣库"APP上特色功能的作用

图2-22所示为APP上的虚拟试衣间界面，用户可以快速地通过导航条进行虚拟的服装搭配。

UI设计精美的APP，其界面的每一处细节通常都经过了精雕细琢，展现了APP的独一无二，有些即使是"无用之美"，用户也可能会舍不得删掉。

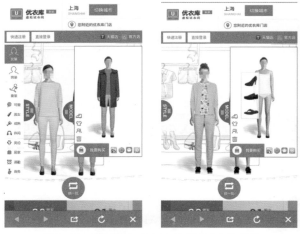

图2-22 "优衣库"APP上的虚拟试衣间界面

2.2 交互动作：降低用户与手机的沟通门槛

如今，触摸屏已经成为移动智能设备的标配，多点触控手势技术也被广泛应用，为用户与智能手机、平板电脑等设备建立起了一种更宽广的联系方式。

智能手机的APP UI设计中，最重要的特性就是手势交互动作特性，用户可以通过模拟真实世界的手势与手机屏幕上的各种元素进行互动，进一步增加了人机交互的体验。图2-23所示为一些常见的手势交互操作。

悬停
手指保持
相对静止

指戳
手指短时间使用
一定的速度向前
戳动

顿击
手指短时间
下压并抬起

遮盖
手部遮盖设备

图2-23 常见的手势交互操作

例如，手势交互特性中的自然手势就是在真实物理世界中存在或演绎而来的手势。这类手势的动作十分自然，用户基本不需要或很少需要去学习。图2-24所示为钢铁侠系列电影中的全息触控交互。

图2-24 钢铁侠系列电影中的全息触控交互

2.2.1 循环动作：使动画效果更加真实

本节主要介绍重复动作、循环动作、关键动作、连贯动作以及夸张原则等利于触碰设计等方面的内容，为读者解读APP UI设计中的手势交互特效的基本原则。

在APP的UI设计中，循环动作原则主要是指一个UI元素的运动频率是多少。例如，在下面这款游戏APP界面中，画面中的赛车一直处于旋转的循环运动中，如图2-25所示，可以向用户360°展示其特点。

图2-25 循环运动的赛车

对于那些运动频率很小的UI元素来说，在设计时可以通过数据精确地描述出来，可以让APP中的动画效果看起来更加真实。

2.2.2 重复动作：解释各UI元素的关系

从APP的体验设计层面来说，设计者必须考虑多个UI元素动作的重复运用，以及循环的速率，以此来解释各个UI元素之间的关系。

例如，在下面这款游戏APP界面中，用户点击赛车即可查看其具体的参数，但赛车的循环运动动作还是在重复，如图2-26所示。

图2-26 在不同界面中重复运用同一个UI元素

2.2.3 关键动作：适用于较复杂的动作

在APP UI设计中，大部分的动画和运动特效都可以运用关键动作进行绘制。例如，"植物大战僵尸"游戏APP就是运用关键动作方法进行设计的，如图2-27所示。

关键动作主要是将一个动作拆解成一些重要的定格动作，通过间补动画来产生动态的效果，可以适用于较复杂的动作，如图2-28所示。

图2-27 "植物大战僵尸"游戏APP界面

图2-28 APP中的关键动作手法

2.2.4 连续动作：制作较简易的动态效果

连续动作是指将动作从第一张开始，依照顺序画到最后一张，通常是制作较简易的动态效果。例如，"水果忍者"APP就是采用连续动作原则来描述运动轨迹，如图2-29所示。

图2-29　"水果忍者"游戏APP界面

2.2.5　夸张原则：运用无穷的想象力

　　APP UI动画的最大乐趣就是可以十分夸张，设计者可以充分发挥自己的想象力和创造力，利用夸张的方式制作利于触碰的UI元素。例如，图2-30所示是一个非常有创意、有意思的启动页面——"小刀拆包裹"，用户往下滑动手指即可打开这个界面。

图2-30　"小刀拆包裹"的夸张手法

2.3　文字特性：符合用户的阅读习惯

　　在设计APP UI中的文字时，要谨记文字不但是设计者传达信息的载体，也是UI设计中的重要元素，必须保证文字的可读性，以严谨的设计态度实现新的突破。通常，经过艺术设计的字体，可以使APP界面中的信息更形象、更具有美感并铭记于用户心中。

2.3.1　界面文字要容易识别

　　随着智能手机APP的崛起，人们在智能手机上进行操作、阅读及浏览信息的时间越来越长，也促使用户的阅读体验变得越来越重要。在APP界面中，文字是影响用户阅读体验的关键元素，因此设计者必须让界面中的文字可以准确被用户识别。

　　图2-31所示为不同大小写的字母O与阿拉伯数字0，从两张图中可以看出明显区别。

　　另外，还要注意避免使用不常见的字体，这些缺乏识别度的字体可能会让用户难以理解其中的文字信息，如图2-32所示。

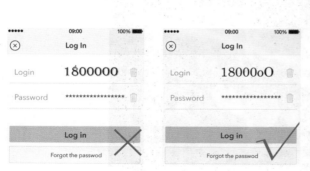

图2-31 不同大小写的字母O与0

图2-32 避免使用不常见的字体

　　尽量使用熟悉的词汇与搭配，这样可以方便用户对APP界面的理解与操作，如图2-33所示。

高手指引

在进行 APP 界面的设计与文字编排时，应该多使用一些用户比较熟悉与常见的词汇进行搭配，这样不仅避免用户去思考其含义，还可以防止用户对文字产生歧义，让用户更加轻松地使用界面。

图2-33 使用熟悉的词汇

2.3.2 把握文字的视觉效果

　　在设计以英文为主的APP界面时，设计者可以巧用字母的大小写变化，不但可以使界面中的文字更加具有层次感，而且可以使文字信息在造型上富有乐趣感。在给用户带来一定的视觉舒适感的同时，也可以使用户更加快捷地接收界面中的文字信息，如图2-34所示。

图2-34 不同大小写字母搭配的界面文字

通过上图可以发现，当界面中的全部文字为大写或小写字母时，界面文字整体上显得十分呆板，给用户带来的阅读体验十分差；而采用传统首字母大写的文字组合穿插方式，可以让 APP 界面中的文字信息变得更加灵活，突出重点，更便于用户阅读。

另外，设计APP界面中的文字效果时，还可以通过不同粗细或不同类型的字体，打造出不同的视觉效果，如图2-35所示。

图2-35　文字加粗后更加明显和突出

2.3.3　字体与大小要有规律

在设计APP界面中的文字效果时，除了要注意英文字母的大小写外，字体以及字体大小的设置也是影响效果表达的一个重要因素。

如图2-36所示，通过比较可以发现，右图中不同大小和字体的文字可以更清晰的表达文字信息，有助于用户快速抓住文字的重点，可以达到更吸引眼球的效果。

如图2-37所示，经过对比可以发现，右图中的文字阅读起来更加方便，因为该界面中的文字大小更符合用户阅读的体验。

图2-36　不同大小和字体的文字

图2-37　不同大小的文字

当然，对于一般阅读类APP界面中的文字大小，根据APP的定制特性，用户都是可以通过相关设置或者手势进行调整的，如图2-38所示。

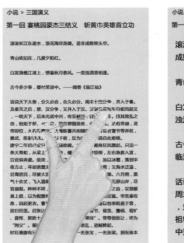
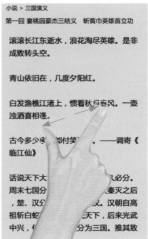

图2-38 通过手势调整文字尺寸

2.3.4　流畅阅读的文字间距

在人们观看APP界面中的文字时，不同的文字间距也会带来不一样的阅读感受，如过于紧密的间距可能会带给读者更多的紧迫感，而过于稀疏的文字间距则会使文字显得断断续续，缺少连贯性。

因此，在进行APP界面的文字设计时，一定要把握好文字之间的间距，这样才能给用户带来流畅的阅读体验，如图2-39所示。

图2-39 不同间距的文字效果

2.3.5　采用交替的文字色彩

过去的APP UI设计大大低估了色彩的作用，它其实是一个很重要的要素，应该被充分利用，尤其是在文字的色彩部分。

适当地设置APP界面中文字的色彩，也可以提高文字的可读性。通常的手法是给文字内容穿插不同的颜色或者增强文字与背景色彩之间的对比，使界面中的文字更突出，帮助用户更快地理解文字信息，同时也方便用户对其进行浏览和操作。

　　如图2-40所示，原图中的文字虽然有大小和间距的区别，但色彩比较单一，用户无法快速获取其中的重点信息，此时可以尝试转换文字的色彩。

图2-40　不同色彩的文字效果

　　从上图中可以发现，通过改变不同区域的文字色彩，可以使这两个部分的文字区别更加明显。其中，可以明显发现红色部分的文字比黑色部分的文字更加突出，设计者可以利用此方法去突出 APP 界面中的重点信息。

　　另外，还可以通过调整文字色彩与背景色彩的对比关系来改变用户的阅读体验，如图2-41所示。

图2-41　不同文字色彩与背景色彩的对比关系产生的文字效果

第03章

Photoshop CC的UI常用操作

☉ 学前提示

Photoshop CC是目前世界上非常优秀的图像处理软件，掌握该软件的一些基本操作，可以为学习Photoshop CC移动UI APP设计打下坚实的基础。本章主要向读者介绍APP UI设计中常用的Photoshop CC相关操作，主要包括Photoshop CC的工作界面、图像抠取与合成、色彩设计、文字编排设计等内容。

☉ 本章知识重点

- 熟悉Photoshop CC工作界面
- Photoshop CC APP UI设计入门
- APP UI图像的抠取与合成
- APP UI的色彩设计
- APP UI的文字编排设计

☉ 学完本章后应该掌握的内容

- 掌握放大与缩小显示APP UI图像的操作方法
- 掌握变换与编辑APP UI图像的操作方法
- 掌握使用快速选择工具抠图的操作方法
- 掌握设置APP UI文字属性的操作方法

☉ 视频演示

3.1　熟悉Photoshop CC工作界面

Photoshop CC的工作界面在原有基础上进行了创新，许多功能更加界面化、按钮化，如图3-1所示。从图中可以看出，Photoshop CC的工作界面主要由菜单栏、工具箱、工具属性栏、图像编辑窗口、状态栏和浮动控制面板6个部分组成。

图3-1 Photoshop CC的工作界面

下面简单地对Photoshop CC工作界面各组成部分进行介绍。

1. **菜单栏**：包含可以执行的各种命令，单击菜单名称即可打开相应的菜单。

2. **工具属性栏**：用来设置工具的各种选项，它会随着所选工具的不同而变换内容。

3. **工具箱**：包含用于执行各种操作的工具，如创建选区、移动图像绘画等。

4. **状态栏**：显示打开文档的大小、尺寸、当前工具和窗口缩放比例等信息。

5. **图像编辑窗口**：是编辑图像的窗口。

6. **浮动控制面板**：用来帮助用户编辑图像，设置编辑内容和设置颜色属性等。

3.1.1　认识菜单栏

菜单栏位于整个窗口的顶端，由"文件""编辑""图像""图层""类型""选择""滤镜""3D""视图""窗口"和"帮助"11个菜单命令组成，如图3-2所示。

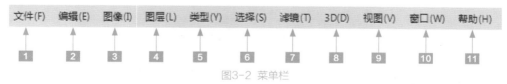

图3-2 菜单栏

下面分别介绍在APP UI设计中常用的菜单命令。

1. **文件**：执行"文件"菜单命令，在弹出的下级菜单中可以执行新建、打开、存储、关闭、置入以及打印等一系列针对APP UI图像文件的命令。

2. **编辑**："编辑"菜单是对APP UI图像进行编辑的命令，包括还原、剪切、拷贝、粘贴、填充、变换以及定义图案等命令。

3. **图像**："图像"菜单命令主要是针对APP UI图像模式、颜色、大小等进行调整以及设置。

4．**图层**："图层"菜单中的命令主要是针对APP UI图像的图层进行相应操作，这些命令便于对图层进行运用和管理，如新建图层、复制图层、蒙版图层、文字图层等。

5．**类型**："类型"菜单中的命令主要用于对APP UI图像中的文字对象进行创建和设置，包括创建工作路径、转换为形状、变形文字以及字体预览大小等。

6．**选择**："选择"菜单中的命令主要是针对APP UI图像中的选区进行操作，可以对选区进行反向、修改、变换、扩大、载入选区等操作，这些命令结合选区工具，更便于对选区进行操作。

7．**滤镜**："滤镜"菜单中的命令可以为APP UI图像设置各种不同的特效，在制作特效方面更是功不可没。

8．**3D**：3D菜单针对APP UI 3D图像执行操作，通过这些命令可以打开3D文件、将2D图像创建为3D图形、进行3D渲染等操作。

9．**视图**："视图"菜单中的命令可对整个APP UI图像的视图进行调整及设置，包括缩放视图、改变屏幕模式、显示标尺、设置参考线等。

10．**窗口**："窗口"菜单主要用于在设计APP UI图像时，可以随意控制Photoshop CC工作界面中的工具箱和各个面板的显示和隐藏。

11．**帮助**："帮助"菜单中提供了使用Photoshop CC的各种帮助信息。在使用Photoshop CC的过程中，若遇到问题，可以查看该菜单，及时了解各种命令、工具和功能的使用。

单击任意一个菜单项都会弹出其包含的命令，Photoshop CC中的绝大部分功能都可以利用菜单栏中的命令来实现。菜单栏的右侧还显示了控制文件窗口显示大小的最小化、窗口最大化（还原窗口）、关闭窗口等几个快捷按钮。

高手指引

下面介绍一些菜单命令的相关技巧。
● 如果菜单中的命令呈现灰色，则表示该命令在当前编辑状态下不可用；
● 如果菜单命令右侧有一个三角形符号，则表示此菜单包含子菜单，将鼠标指针移动到该菜单上，即可打开其子菜单；
● 如果菜单命令右侧有省略号"…"，则执行此菜单命令时将会弹出与之有关的对话框。
另外，Photoshop CC 的菜单栏相对于以前的版本来说，变化比较大，现在的 Photoshop CC 标题栏和菜单栏是合并在一起的。

3.1.2 认识状态栏

状态栏位于图像编辑窗口的底部，主要用于显示当前所编辑图像的各种参数信息。状态栏主要由显示比例、文件信息和提示信息3部分组成。

状态栏右侧显示的是图像文件信息，单击文件信息右侧的小三角形按钮，即可弹出快捷菜单，其中显示了当前图像文件信息的各种显示方式选项，如图3-3所示。

图3-3 状态栏

下面分别介绍在APP UI设计中常用的菜单栏选项。

1. **Adobe Drive**：显示APP UI文档的VersionCue工作组状态。Adobe Drive可以帮助链接到VersionCue CC服务器，链接成功后，可以在Windows资源管理器或Mac OS Finder中查看服务器的项目文件。

2. **文档配置文件**：显示APP UI图像所有使用的颜色配置文件的名称。

3. **文档尺寸**：查看APP UI图像的尺寸。

4. **暂存盘大小**：查看关于处理APP UI图像的内存和Photoshop CC暂存盘的信息，选择该选项后，状态栏中会出现两组数字，左边的数字表达程序用来显示所有打开图像的内存量，右边的数字表达用于处理图像的总内存量。

5. **效率**：查看执行APP UI设计相关操作实际花费的时间百分比。当效率为100时，表示当前处理的图像在内存中生成，如果低于100，则表示Photoshop CC正在使用暂存盘，操作速度也会变慢。

6. **计时**：查看完成上一次APP UI设计操作所用的时间。

7. **当前工具**：查看当前使用的工具名称。

8. **32位曝光**：调整预览APP UI图像，以便在计算机显示器上查看32位/通道高动态范围图像的选项。只有当文档窗口显示HDR图像时，该选项才可以用。

9. **存储进度**：读取当前APP UI文档的保存进度。

10. **文档大小**：显示有关APP UI图像中的数据量的信息。

高手指引

> 选择"文档大小"选项后，状态栏中会出现两组数字，左边的数字显示了拼合图层并存储文件后的大小，右边的数字显示了包含图层和通道的近似大小。

3.1.3　认识工具属性栏

工具属性栏一般位于菜单的下方，主要用于对所选取工具的属性进行设置，它提供了控制工具属性的相关选项，其显示的内容会根据所选工具的不同而改变。

在工具箱中选取相应的工具后，工具属性栏将显示该工具可使用的功能，如图3-4所示。

图3-4　画笔工具的工具属性栏

1. **菜单箭头**：单击该按钮，可以弹出列表框，菜单栏中包括多种混合模式，如图3-5所示。

2. **小滑块按钮**：单击该按钮，会出现一个小滑块可以进行数值调整，如图3-6所示。

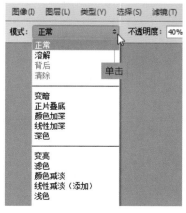

图3-5　弹出列表框

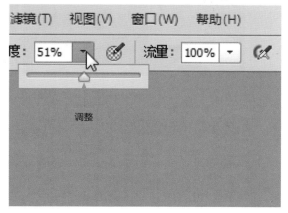

图3-6　数值调整

第
1
篇
UI设计入门

第
2
篇
APP UI进阶

第
3
篇
APP综合实战

3.1.4 认识工具箱

工具箱位于工作界面的左侧，如图3-7所示。要使用工具箱中的工具，只要单击工具按钮即可在图像编辑窗口中使用。

若工具按钮的右下角有一个小三角形，则表示该工具按钮还有其他工具，在工具按钮上单击鼠标左键的同时，可弹出所隐藏的工具选项，如图3-8所示。

高手指引

例如，在 Photoshop CC 中编辑和设计移动 UI 作品的过程中，用户可以根据工作需要使用工具箱中的缩放工具对图像进行放大或缩小操作，以便更好地观察和处理图像，使工作更加方便。

另外，用户还可以使用快捷键进行缩放操作。
- 按【Ctrl + −】组合键，可缩小图像。
- 按【Ctrl + +】组合键，可放大图像。

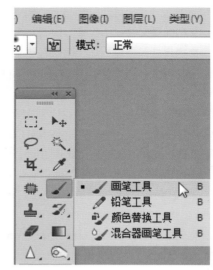

图3-7 工具箱　　　　　　图3-8 显示隐藏工具

3.1.5 认识图像编辑窗口

Photoshop CC中的所有功能都可以在图像编辑窗口中实现。打开文件后，图像标题栏呈灰白色时，即为当前图像编辑窗口，如图3-9所示，此时所有操作将只针对该图像编辑窗口；若想对其他图像编辑窗口进行编辑，使用鼠标单击需要编辑的图像窗口即可。

图3-9 当前图像编辑窗口

3.1.6 认识浮动控制面板

浮动控制面板是位于工作界面的右侧，它主要用于对当前图像的图层、颜色、样式以及相关的操作进行设置。单击菜单栏中的"窗口"菜单，在弹出的菜单列表中单击相应的命令，即可显示相应的浮动面板，分别如图3-10、图3-11、图3-12、图3-13所示。

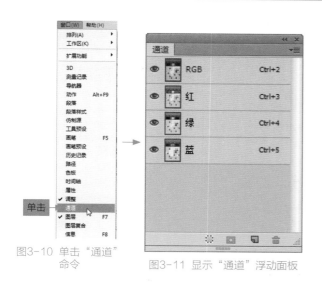

图3-10 单击"通道"
命令

图3-11 显示"通道"浮动面板

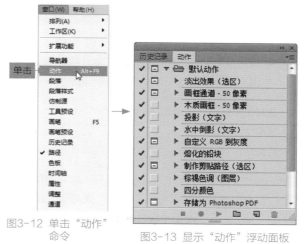

图3-12 单击"动作"
命令

图3-13 显示"动作"浮动面板

3.2 Photoshop CC APP UI设计入门

Photoshop CC作为一款图像处理软件，绘图和图像处理是它的看家本领。在使用Photoshop CC开始创作之前，需要先了解此软件的一些常用操作，如打开图像文件、放大与缩小显示图像、运用辅助工具设计图像、运用工具裁剪图像、变换与编辑图像等。熟练掌握各种Photoshop CC的入门设计操作，才可以更好、更快地设计APP UI作品。

3.2.1 打开APP UI图像文件

Photoshop CC不仅可以支持多种图像的文件格式，还可以同时打开多个APP UI图像文件。若要在Photoshop CC中编辑一个图像文件，首先需要将其打开。

下面介绍打开APP UI图像文件的具体操作方法。

● **素材文件** | 素材\第3章\3.2.1.png

● **效果文件** | 无

● **视频文件** | 视频\第3章\3.2.1 打开APP UI图像文件.mp4

01 单击"文件"|"打开"命令，弹出"打开"对话框，选择相应的素材图像，如图3-14所示。

02 单击"打开"按钮，即可打开所选择的图像文件，如图3-15所示。

图3-14 选择素材

图3-15 打开图像文件

3.2.2　放大与缩小显示APP UI图像

在Photoshop CC中编辑和设计APP UI作品的过程中，用户可以根据工作需要对图像进行放大或缩小操作，以便更好地观察和处理图像，使工作更加方便。

下面介绍放大与缩小显示APP UI图像的具体操作方法。

- **素材文件** | 素材\第3章\3.2.2.jpg
- **效果文件** | 无
- **视频文件** | 视频\第3章\3.2.2 放大与缩小显示APP UI图像.mp4

01 单击"文件"|"打开"命令，打开一幅素材图像，如图3-16所示。
02 在菜单栏上单击"视图"|"放大"命令，如图3-17所示。

图3-16 打开素材图像

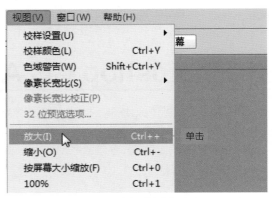

图3-17 单击"放大"命令

03 执行操作后，即可放大图像的显示，如图3-18所示。
04 在菜单栏上单击两次"视图"|"缩小"命令，即可使图像的显示比例缩小到原来的1/4，如图3-19所示。

图3-18 放大图像

图3-19 缩小图像

高手指引

按【Ctrl + -】组合键，可缩小图像；按【Ctrl + +】组合键，可放大图像。

3.2.3　运用辅助工具设计APP UI图像

用户在编辑和绘制APP UI图像时，灵活掌握应用网格、参考线、标尺工具、注释工具等辅助工具的使用方法，可以在处理图像的过程中精确地对图像进行定位、对齐、测量等操作，以便更加精美有效地处理图像。

例如，在进行APP UI图像排版或是一些规范操作时，用户要精细作图时就需要运用到参考线，参考线相当于辅助线，起到辅助的作用，能让用户的操作更方便。它是浮动在整个图像上却不被打印的直线，用户可以随意移动、删除或锁定参考线。

下面介绍应用参考线的具体操作方法。

● **素材文件** | 素材\第3章\3.2.3.jpg
● **效果文件** | 效果\第3章\3.2.3.jpg
● **视频文件** | 视频\第3章\3.2.3 运用辅助工具设计APP UI图像.mp4

01 单击"文件"|"打开"命令，打开一幅素材图像，如图3-20所示。

02 单击"视图"|"新建参考线"命令，弹出"新建参考线"对话框，选中"垂直"单选按钮，在"位置"右侧的数值框中输入"0.1厘米"，如图3-21所示。

图3-20 打开素材图像

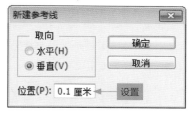

图3-21 设置数值

03 单击"确定"按钮，即可创建垂直参考线，如图3-22所示。

04 单击"视图"|"新建参考线"命令，如图3-23所示。

图3-22 创建垂直参考线

图3-23 单击"新建参考线"命令

05 执行上述操作后，弹出"新建参考线"对话框，选中"水平"单选按钮，在"位置"右侧的数值框中输入"4.3厘米"，如图3-24所示。

06 单击"确定"按钮，即可创建水平参考线，效果如图3-25所示。

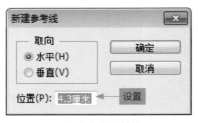

图3-24 设置数值　　　　　　　　图3-25 创建水平参考线

高手指引

在"新建参考线"对话框中各选项主要含义如下。
● 水平：选中"水平"单选按钮，创建水平参考线。
● 垂直：选中"垂直"单选按钮，创建垂直参考线。
● 位置：在"位置"右侧的数值框中，输入相应的数值，可以设置参考线的位置。

3.2.4　运用工具裁剪APP UI图像

在设计移动UI时，裁剪工具是应用非常灵活的截取图像的工具，灵活运用裁剪工具可以突出主体图像。选择裁剪工具后，其属性栏的变化如图3-26所示。

图3-26 裁剪工具属性栏

裁剪工具的工具属性栏各选项主要含义如下。

1. **无约束**：用来输入图像裁剪比例，裁剪后图像的尺寸由输入的数值决定，与裁剪区域的大小没有关系。

2. **拉直**：通过绘制线段拉直图像。

3. **视图**：设置裁剪工具视图选项。

4. **删除裁切像素**：确定裁剪框以外透明度像素数据是保留还是删除。

下面向读者介绍运用工具裁剪移动UI图像的具体操作方法。

● **素材文件** | 素材\第3章\3.2.4.jpg
● **效果文件** | 效果\第3章\3.2.4.jpg
● **视频文件** | 视频\第3章\3.2.4 运用工具裁剪APP UI图像.mp4

01 单击"文件"|"打开"命令，打开一幅素材图像，如图3-27所示。

02 选取工具箱中的裁剪工具 ，调出裁剪控制框，单击鼠标左键的同时并拖曳控制柄，如图3-28所示。

图3-27 打开素材图像　　　　　　　　　图3-28 拖动控制框至适合位置

03 将光标移至裁剪控制框中，单击鼠标左键的同时并拖曳图像至适合位置，如图3-29所示。

04 执行上述操作后，按【 Enter 】键确认，即可裁剪图像，效果如图3-30所示。

图3-29 移动图像至适合位置　　　　　　　　　图3-30 裁剪图像

3.2.5　变换与编辑APP UI图像

　　运用Photoshop CC处理移动UI图像时，为了制作出相应的图像效果，使图像与整体画面和谐统一，经常需要对某些图像进行缩放或旋转、斜切、扭曲、透视、变形等变换操作。

　　● 缩放或旋转：在设计移动UI图形或调入图像时，图像角度的改变可能会影响整幅图像的效果，针对缩放或旋转图像，能使平面图像的显示视角独特，同时也可以将倾斜的图像纠正。

　　● 斜切：运用"斜切"命令可以对移动UI图像进行斜切操作，该操作类似于扭曲操作，不同之处在于扭曲变换状态下，变换控制框中的控制柄可以按任意方向移动，而在斜切操作状态下，控制柄只能在变换控制框边线所定义的方向上移动。

　　● 扭曲：在运用Photoshop CC设计移动UI时，用户可以根据工作需要，运用"扭曲"命令，通过变换控制框上的任意控制柄，对UI图像进行扭曲变形操作。

● 透视：透视是移动UI设计中常用的操作方法之一，注意图像的透视关系可以让图像或整幅画面显得更加协调，利用"透视"命令，还可以对图像的形状进行修正或调整。

● 变形：运用"变形"命令设计移动UI时，所选图像上会显示变形网格和锚点，通过调整各锚点或对应锚点的控制柄，可以对图像进行更加自由和灵活的变形处理。

下面以缩放/旋转为例，介绍变换与编辑APP UI图像的具体操作方法。

● **素材文件** | 素材\第3章\3.2.5.psd
● **效果文件** | 效果\第3章\3.2.5.psd、3.2.5.jpg
● **视频文件** | 视频\第3章\3.2.5 变换与编辑APP UI图像.mp4

01 单击"文件"|"打开"命令，打开一幅素材图像，如图3-31所示。

02 选中"图层1"图层，单击"编辑"|"变换"|"缩放"命令，如图3-32所示。

03 将光标移至变换控制框右上方的控制柄上，当光标指针呈双向箭头形状时，单击鼠标左键的同时并向左下方拖曳，缩放至合适位置，如图3-33所示。

04 将光标指针移至变换框内的同时，单击鼠标右键，弹出快捷菜单，选择"旋转"选项，如图3-34所示。

图3-31 打开素材图像　　　　图3-32 单击"缩放"命令

图3-33 缩放至合适位置

图3-34 选择"旋转"选项

05 将光标指针移至变换控制框右上方的控制柄外，当光标指针呈 ↻ 形状时，单击鼠标左键的同时并向顺时针方向旋转，如图3-35所示。

06 执行上述操作后，按【Enter】键确认，即可旋转图像，并将图像移至合适位置处，效果如图3-36所示。

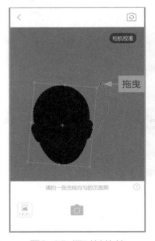

图3-35 顺时针旋转

图3-36 旋转图像后的效果

高手指引

用户对图像进行旋转操作时，按住【Shift】键的同时，单击鼠标左键并拖曳，可以等比例缩放图像。

3.3 APP UI图像的抠取与合成

在移动UI设计过程中，由于拍摄取景的问题，常常会使拍摄出来的照片内容过于复杂，如果直接使用会降低产品的表现力，需要抠取出主要部分单独使用。本节介绍如何使用Photoshop CC中的工具和命令进行APP UI图像的抠图与合成操作。

3.3.1 运用快速选择工具抠图

在APP UI设计过程中，运用快速选择工具可以通过调整画笔的笔触、硬度和间距等参数再快速单击或拖动创建选区，进行抠图合成处理。拖动时，选区会向外扩展并自动查找和跟随图像中定义的边缘。

用快速选择工具 ![] 创建选区抠图通常用在一定容差范围内的颜色选取，在进行选取时，需要设置相应的画笔大小。

下面介绍运用快速选择工具抠图的具体操作方法。

- **素材文件** | 素材\第3章\3.3.1.jpg
- **效果文件** | 效果\第3章\3.3.1.psd
- **视频文件** | 视频\第3章\3.3.1 运用快速选择工具抠图.mp4

01 单击"文件"|"打开"命令，打开一幅素材图像，如图3-37所示。

02 选取工具箱中的快速选择工具 ![]，在工具属性栏中设置画笔"大小"为10像素，在相应图像上拖动光标，如图3-38所示。

图3-37 打开素材图像　　　　图3-38 拖动光标

> **高手指引**
>
> 快速选择工具默认选择光标周围与光标范围内的颜色类似且连续的图像区域，因此光标的大小决定着选取的范围。

03 继续在图像上拖动光标，直至选择需要的图像范围，如图3-39所示。

04 按【Ctrl+J】组合键拷贝一个新图层，并隐藏"背景"图层，效果如图3-40所示。

图3-39 继续拖动光标　　　　图3-40 拷贝新图层并隐藏"背景"图层

高手指引

快速选择工具是根据颜色相似性来选择区域的，可以将画笔大小内的相似的颜色一次性选中。在工具箱中，选取快速选择工具 后，其工具属性栏变化如图 3-41 所示。

图3-41 快速选择工具属性栏

快速选择工具的工具属性栏中各选项的主要含义如下。

1. **选区运算按钮**：分别为"新选区"按钮 ，可以创建一个新的选区；"添加到选区"按钮 ，可在原选区的基础上添加新的选区；"从选区减去"按钮 ，可在原选区的基础上减去当前绘制的选区。

2. **"画笔拾取器"**：单击按钮，可以设置画笔笔尖的大小、硬度和间距。

3. **对所有图层取样**：可基于所有图层创建选区。

4. **自动增强**：可以减少选区边界的粗糙度和块效应。

在拖动过程中，如果有少选或多选的现象，可以单击工具属性栏中的"添加到选区"按钮 或"从选区减去"按钮 ，在相应区域适当拖动，以进行适当调整。

在快速选择工具的属性栏中有一个"对所有图层取样"选项，在选中"对所有图层取样"复选框后，拖动鼠标进行快速选择时，不仅对"图层1"图层中的图像进行了取样，而且"背景"图层中的图像也被选中。如果取消选中"对所有图层取样"复选框，在进行对"图层1"图层进行取样时，将不能同时选中"背景"图层中的图像。

3.3.2 运用魔棒工具抠图

在APP UI设计过程中，运用魔棒工具可以创建与图像颜色相近或相同像素的选区，在颜色相近的图像上单击鼠标左键，即可选取图像中的相近颜色范围。在工具箱中选取魔棒工具后，其工具属性栏的变化，如图3-42所示。

图3-42 魔棒工具属性栏

魔棒工具的工具属性栏中各选项的主要含义如下。

1. **容差**：用来控制创建选区范围的大小，数值越小，所要求的颜色越相近，数值越大，则颜色相差越大。

2. **消除锯齿**：用来模糊羽化边缘的像素，使其与背景像素产生颜色的过渡，从而消除边缘明显的锯齿。

3. **连续**：在使用魔棒工具选择图像时，在工具属性栏中选中"连续"复选框，则只选取与单击处相邻的、容差范围内的颜色区域，如图3-43所示。

图3-43 取消选中（左）与选中（右）"连续"复选框的选区效果

4. **对所有图层取样**：用于有多个图层的文件，选中该复选框后，能选取图像文件中所有图层中相近颜色的区域，不选中时，只选取当前图层中相近颜色的区域。

下面向读者介绍运用魔棒工具进行抠图的操作方法。

- **素材文件**｜素材\第3章\3.3.2.jpg
- **效果文件**｜效果\第3章\3.3.2.psd
- **视频文件**｜视频\第3章\3.3.2 运用魔棒工具抠图.mp4

01 单击"文件"|"打开"命令，打开一幅素材图像，如图3-44所示。

02 选取工具箱中的魔棒工具，在工具属性栏上设置"容差"为50，将光标移至图像编辑窗口中的红色区域上，多次单击鼠标左键，即可创建选区，如图3-45所示。

03 在工具属性栏上单击"添加到选区"按钮，再将光标移至未创建选区的文字区域上，多次单击鼠标左键，加选选区，如图3-46所示。

04 按【Ctrl + J】组合键拷贝一个新图层，并隐藏"背景"图层，如图3-47所示。

图3-44 打开素材图像

图3-45 创建选区

图3-46 加选选区

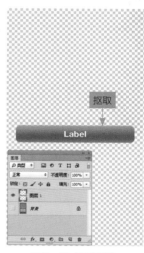
图3-47 抠取图像

3.3.3　运用矩形选框工具抠图

在APP UI设计过程中，运用矩形选框工具可以建立矩形选区，该工具是区域选择工具中最基本、最常用的工具，用户选择矩形选框工具后，其工具属性栏如图3-48所示。

图3-48 矩形选框工具属性栏

矩形选框工具的工具属性栏各选项含义如下。

1. **羽化**：用来设置选区的羽化范围从而得到柔化效果。

2. **样式**：用来设置选区的创建方法。选择"正常"选项，可以自由创建任何宽高比例、长度大小的矩形选区；选择"固定比例"选项，可在"宽度"和"高度"文本框中输入数值，设置选择区域高度与宽度的比例，得到精确的固定宽高比的矩形选择区域；选择"固定大小"选项，可在此文本框中输入数值，确定新选区高度与宽度的精确数值，创建大小精确的选区。

3. **调整边缘**：单击该按钮，可以打开"调整边缘"对话框，对选区进行平滑、羽化等处理。

下面介绍运用矩形选框工具抠图的操作方法。

- **素材文件**｜素材\第3章\ 3.3.3a.jpg、3.3.3b.jpg
- **效果文件**｜效果\第3章\3.3.3.psd、3.3.3.jpg
- **视频文件**｜视频\第3章\3.3.3 运用矩形选框工具抠图.mp4

01 单击"文件"|"打开"命令，打开两幅素材图像，如图3-49所示。

02 确认"4.2.3a.jpg"图像编辑窗口为当前编辑窗口，选取工具箱中的矩形选框工具，将光标移至图像编辑窗口中的合适位置，单击鼠标左键的同时并拖曳，创建一个矩形选区，如图3-50所示。

03 选取工具箱中的移动工具，将光标移至图像中的矩形选区内，单击鼠标左键的同时并拖曳选区内图像至"4.2.3b.jpg"图像编辑窗口中，如图3-51所示。

图3-49 打开素材图像　　　　　　　　　图3-50 创建矩形选区　　　图3-51 移动矩形选区内图像

高手指引

与创建矩形选框有关的技巧如下。
- 按【M】键，可快速选取矩形选框工具。
- 按【Shift】键，可创建正方形选区。
- 按【Alt】键，可创建以起点为中心的矩形选区。
- 按【Alt + Shift】组合键，可创建以起点为中心的正方形。

04 移动图像，调整至合适位置，单击"编辑"|"变换"|"缩放"命令，调出变换控制框，如图3-52所示。

05 适当调整图像大小，按【Enter】键，确认操作，效果如图3-53所示。

图3-52 调出变换控制框　　　图3-53 最终效果

3.3.4 运用磁性套索工具抠图

在Photoshop CC中，磁性套索工具是套索工具组中的选取工具之一。在APP UI设计过程中，运用磁性套索工具可以快速选择与背景对比强烈并且边缘复杂的对象，它可以沿着图像的边缘生成选区进行抠图与合成处理。

选择磁性套索工具后，其属性栏变化如图3-54所示。

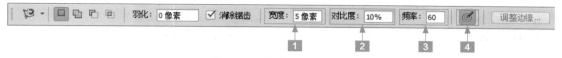

图3-54 磁性套索工具属性栏

磁性套索工具的工具属性栏中各选项的主要含义如下。

1. **宽度**：表示以光标中心为准，其周围有多少个像素能够被工具检测到，如果对象的边界不是特别清晰，需要使用较小的宽度值。

2. **对比度**：用来设置工作感应图像边缘的灵敏度。如果图像的边缘清晰，可将该数值设置的高一些；反之，则设置得低一些。

3. **频率**：用来设置创建选区时生成锚点的数量，如图3-55所示。

4. **使用绘图板压力以更改钢笔宽度**：在计算机配置有数位板和压感笔，单击此按钮，Photoshop CC会根据压感笔的压力自动调整工具的检测范围。

下面介绍运用磁性套索工具抠图的操作方法。

● **素材文件** | 素材\第3章\3.3.4.jpg

● **效果文件** | 效果\第3章\3.3.4.psd

● **视频文件** | 视频\第3章\3.3.4 运用磁性套索工具抠图.mp4

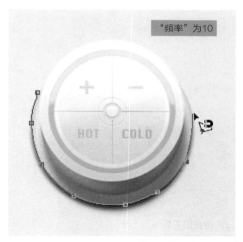

图3-55 不同"频率"值生成的锚点数量不同

高手指引

运用磁性套索工具在 APP UI 图像中自动创建边界选区时，按【Delete】键可以删除上一个节点和线段。若选择的边框没有贴近被选图像的边缘，可以在选区上单击鼠标左键，手动添加一个节点，然后将其调整至合适位置。

01 单击"文件"|"打开"命令，打开一幅素材图像，如图3-56所示。

02 选取工具箱中的磁性套索工具，在工具属性栏中设置"羽化"为0像素，沿着图像的边缘拖曳光标，如图3-57所示。

03 执行上述操作后，将光标移至起始点处，单击鼠标左键，即可创建选区，选区的效果如图3-58所示。

04 按【Ctrl+J】组合键拷贝一个新图层，并隐藏"背景"图层，如图3-59所示。

图3-56 打开素材图像　　　　图3-57 沿边缘处拖曳光标　　　　图3-58 创建选区　　　　图3-59 最终效果

3.3.5 运用魔术橡皮擦工具抠图

在APP UI设计过程中，使用魔术橡皮擦工具可以自动擦除当前图层中与选区颜色相近的像素。下面运用魔术橡皮擦工具抠图的操作方法。

- **素材文件** | 素材\第3章\3.3.5.jpg
- **效果文件** | 效果\第3章\3.3.5.psd
- **视频文件** | 视频\第3章\3.3.5 运用魔术橡皮擦工具抠图.mp4

01 单击"文件"|"打开"命令，打开一幅素材图像，如图3-60所示。

02 选取工具箱中魔术橡皮擦工具，如图3-61所示。

图3-60 素材图像　　　　　　　图3-61 选取魔术橡皮擦工具

03 在图像编辑窗口中单击鼠标左键，即可擦除图像，如图3-62所示。

04 用与上面同样的方法，擦除多余背景图像，获得抠图效果，如图3-63所示。

图3-62　擦除图像　　　　　　　图3-63　最终效果

3.3.6　运用自由钢笔工具抠图

在APP UI设计过程中，使用自由钢笔工具 ✐ 可以随意绘图，不需要像使用钢笔工具那样通过锚点来创建路径。

自由钢笔工具属性栏与钢笔工具属性栏基本一致，只是将"自动添加/删除"变为"磁性的"复选框，如图3-64所示。

图3-64　自由钢笔工具属性栏

自由钢笔工具的工具属性栏中各选项的主要含义如下。

1. 设置图标按钮：单击该按钮，在弹出的列表框中，可以设置"曲线拟合"的像素大小，"磁性的"宽度、对比以及频率。

2. 磁性的：选中该复选框，在创建路径时，可以仿照磁性套索工具的用法设置平滑的路径曲线，对创建具有轮廓的图像的路径很有帮助。

下面向读者详细介绍运用自由钢笔工具绘制曲线路径抠图的操作方法。

- **素材文件** | 素材\第3章\3.3.6.jpg
- **效果文件** | 效果\第3章\3.3.6.psd
- **视频文件** | 视频\第3章\3.3.6 运用自由钢笔工具抠图.mp4

01 单击"文件" | "打开"命令，打开一幅素材图像，如图3-65所示。

02 选取工具箱中的自由钢笔工具 ✐，在工具属性栏中选中"磁性的"复选框，如图3-66所示。

03 移动光标至图像编辑窗口中，单击鼠标左键，确定起始位置，如图3-67所示。

04 沿边缘拖曳光标，至起始点处单击鼠标左键，创建闭合路径，如图3-68所示。

图3-65 打开素材图像

图3-66 选中"磁性的"复选框

图3-67 确认起始位置

图3-68 创建闭合路径

05 按【Ctrl+Enter】组合键，将路径转换为选区，如图3-69所示。

06 按【Ctrl+J】组合键拷贝一个新图层，并隐藏"背景"图层，抠取图像，效果如图3-70所示。

图3-69 将路径转换为选区

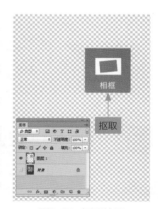

图3-70 抠图效果

高手指引

单击"窗口"|"路径"命令，展开"路径"面板，当创建路径后，在"路径"面板上就会自动生成一个新的工作路径，如图3-71所示。

图3-71 "路径"面板

"路径"面板各选项的主要含义如下。

1. **工作路径**：显示了当前文件中包含的路径、临时路径和矢量蒙版。

2. **用前景色填充路径**：可以用当前设置的前景色填充被路径包围的区域。

3. **用画笔描边路径**：可以用当前选择的绘画工具和前景色沿路径进行描边。

4. **将路径作为选区载入**：可以将创建的路径作为选区载入。

5. **从选区生成工作路径**：可以将当前创建的选区生成为工作路径。

6. **添加图层蒙版**：可以为当前图层创建一个图层蒙版。

7. **创建新路径**：可以创建一个新路径层。

8. **删除当前路径**：可以删除当前选择的工作路径。

3.4　APP UI的色彩设计

　　移动APP的UI设计由色彩、图形、文案3大要素构成。调整图像色彩是移动APP UI图像修饰和设计中一项非常重要的内容，图形和文案都离不开色彩的表现。本节主要介绍在Photoshop CC中如何调整图像的光影色调，以及通过相应的调整命令调整移动UI图像的光效质感。

3.4.1　自动校正移动APP UI图像色彩

　　调整APP UI图像的色彩时，可以通过自动颜色、自动色调等命令来快速实现。

1. 运用"自动色调"命令调整移动APP UI图像

　　调整移动UI图像的色彩时，使用"自动颜色"命令可以自动识别图像中的实际阴影、中间调和高光，从而自动更正图像的颜色。"自动色调"命令根据图像整体颜色的明暗程度进行自动调整，使亮部与暗部的颜色按一定的比例分布。

　　下面介绍运用"自动色调"命令调整APP UI图像的操作方法。

- **素材文件**｜素材\第3章\3.4.1.jpg
- **效果文件**｜效果\第3章\3.4.1.jpg
- **视频文件**｜视频\第3章\3.4.1 自动校正移动APP UI图像色彩.mp4

01 单击"文件"｜"打开"命令，打开一幅素材图像，如图3-72所示。

02 单击"图像"｜"自动色调"命令，即可自动调整图像色调，效果如图3-73所示。

图3-72 打开素材图像　　　　图3-73 自动调整图像色调

2. 运用"自动对比度"命令调整移动APP UI图像

调整APP UI图像的色彩时，使用"自动对比度"命令可以自动调节图像整体的对比度和混合颜色，如图3-74所示。

图3-74 自动调整图像对比度

3. 运用"自动颜色"命令调整移动APP UI图像

调整APP UI图像的色彩时，使用"自动颜色"命令可以自动识别图像中的实际阴影、中间调和高光，可以让系统对图像的颜色进行自动校正。若图像有偏色与饱和度过高的现象，使用该命令则可以进行自动调整，从而自动校正图像的颜色，如图3-75所示。

图3-75 自动校正图像的颜色

3.4.2 运用"亮度/对比度"命令调整APP UI图像

调整移动APP UI图像的色彩时，使用"亮度/对比度"命令可以对图像的色彩进行简单的调整，它对图像的每个像素都进行同样的调整。"亮度/对比度"命令对单个通道不起作用，所以该调整方法不适用于高精度输出。单击"图像"|"调整"|"亮度/对比度"命令，弹出"亮度/对比度"对话框，如图3-76所示。

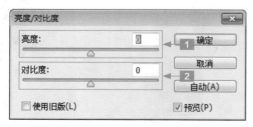

图3-76 "亮度/对比度"对话框

"亮度/对比度"对话框中各选项的主要含义如下。

1. **亮度**：用于调整图像的亮度，该值为正时增加图像亮度，为负时降低亮度。

2. **对比度**：用于调整图像的对比度，正值时增加图像对比度，负值时降低对比度。

　　下面详细介绍运用"亮度/对比度"命令调整移动UI图像的操作方法。

● **素材文件** ┃ 素材\第3章\3.4.2.jpg

● **效果文件** ┃ 效果\第3章\3.4.2.jpg

● **视频文件** ┃ 视频\第3章\3.4.2 运用"亮度/对比度"命令调整APP UI图像.mp4

01 单击"文件"｜"打开"命令，打开一幅素材图像，如图3-77所示。

02 单击"图像"｜"调整"｜"亮度/对比度"命令，弹出"亮度/对比度"对话框，设置"亮度"为18、"对比度"为100，如图3-78所示。

03 单击"确定"按钮，即可调整图像的色彩亮度，效果如图3-79所示。

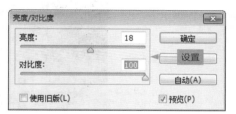

图3-77 打开素材图像　　　　　　图3-78 设置相应参数　　　　　　图3-79 最终效果

3.4.3　运用"色相/饱和度"命令调整APP UI图像

　　调整移动APP UI图像的色彩时，运用"色相/饱和度"命令可以精确地调整整幅图像，或者单个颜色成分的色相、饱和度和明度，可以同步调整图像中所有的颜色。

　　"色相/饱和度"命令也可以用于CMYK颜色模式的图像中，有利于调整图像颜色值，使之处于输出设备的范围中。

　　单击"图像"｜"调整"｜"色相/饱和度"命令，弹出"色相/饱和度"对话框，如图3-80所示。

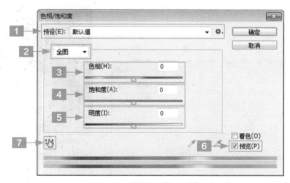

图3-80　"色相/饱和度"对话框

　　"色相/饱和度"面板中各选项的主要含义如下。

1. **预设**：在"预设"列表框中提供了8种色相/饱和度预设。

2. **通道**：在"通道"列表框中可以选择全图、红色、黄色、绿色、青色、蓝色和洋红通道进行调整。

3. **色相**：色相是各类颜色的相貌称谓，用于改变图像的颜色。可通过在该数值框中输入数值或拖动滑块来调整。

4. **饱和度**：饱和度是指色彩的鲜艳程度，也称为色彩的纯度。设置数值越大，色彩越鲜艳，数值越小，就越接近黑白图像。

5. **明度**：明度是指图像的明暗程度，设置的数值越大，图像就越亮，数值越小，图像就越暗。

6. **着色**：选中该复选框后，如果前景色是黑色或白色，图像会转换为红色；如果前景色不是黑色或白色，则图像会转换为当前前景色的色相；变为单色图像以后，可以拖动"色相"滑块修改颜色，或者拖动下面的两个滑块来调整饱和度和明度。

7. **在图像上单击并拖动可修改饱和度**：使用该工具在图像上单击设置取样点以后，向右拖曳光标可以增加图像的饱和度；向左拖曳光标可以降低图像的饱和度。

下面详细介绍运用"色相/饱和度"命令调整移动UI图像的操作方法。

● **素材文件**｜素材\第3章\3.4.3.jpg
● **效果文件**｜效果\第3章\3.4.3.jpg
● **视频文件**｜视频\第3章\3.4.3 运用"色相饱和度"命令调整APP UI图像.mp4

01 单击"文件"｜"打开"命令，打开一幅素材图像，如图3-81所示。

02 选择"背景"图层，单击"图像"｜"调整"｜"色相/饱和度"命令，如图3-82所示。

高手指引

除了可以使用"色相／饱和度"命令调整图像色彩以外，还可以按【Ctrl＋U】组合键，调出"色相／饱和度"对话框，并调整图像色相。

图3-81 打开素材图像　　图3-82 单击"色相/饱和度"命令

03 弹出"色相/饱和度"对话框，设置"色相"为-5、"饱和度"为28，如图3-83所示。

04 单击"确定"按钮，即可调整图像色相与饱和度，效果如图3-84所示。

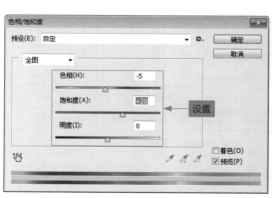

图3-83 设置相应参数　　　　　　图3-84 最终效果

3.5　APP UI的文字编排设计

在移动UI图像设计中，文字的使用是非常广泛的，通过对文字进行编排与设计，不但能够更加有效地突出设计主题，而且可以对图像起到美化的作用。本节主要向读者讲述与文字处理相关的知识，帮助读者掌握文字工具的具体操作。

3.5.1　输入横排APP UI图像文字

横排文字是一个水平的文本行，每行文本的长度随着文字的输入而不断增加，但是不会换行。在设计移动APP UI图像时，输入横排文字的方法很简单，使用工具箱中的横排文字工具或横排文字蒙版工具，即可在图像编辑窗口中输入横排文字。

> **高手指引**
>
> 在 Photoshop CC 中，在英文输入法状态下，按【T】键，也可以快速切换至横排文字工具，然后在图像编辑窗口中输入相应文本内容即可，如果输入的文字位置不能满足用户的需求，此时用户可以通过移动工具，将文字移动到相应位置即可。

下面详细介绍运用横排文字工具输入横排移动UI图像文字的操作方法。

● **素材文件** | 素材\第3章\3.5.1.psd
● **效果文件** | 效果\第3章\3.5.1.psd、3.5.1.jpg
● **视频文件** | 视频\第3章\3.5.1　输入横排APP UI图像文字.mp4

01 单击"文件"|"打开"命令，打开一幅素材图像，如图3-85所示。
02 选取工具箱中的横排文字工具，如图3-86所示。
03 将鼠标指针移至适当位置，在图像上单击鼠标左键，确定文字的插入点，在工具属性栏中设置"字体系列"为"微软雅黑"、"字体大小"为18点、"文本颜色"为黑色（RGB参数值均为0），如图3-87所示。
04 在图像上输入相应文字，单击工具属性栏右侧的"提交所有当前编辑"按钮，即可完成横排文字的输入操作，并将文字移至合适位置，效果如图3-88所示。

图3-85　打开素材图像

图3-86　选取横排文字工具

图3-87　设置字符属性

图3-88　最终效果

3.5.2　输入直排APP UI图像文字

在设计移动APP UI图像时，选取工具箱中的直排文字工具或直排文字蒙版工具，将鼠标指针移动到图像编辑窗口中，单击鼠标左键确定插入点，图像中出现闪烁的光标之后，即可输入直排文字，如图3-89所示。

图3-89　直排文字效果

直排文字是一个垂直的文本行，每行文本的长度随着文字的输入而不断增加，但是不会换行。

下面详细介绍运用直排文字工具输入直排移动UI图像文字的操作方法。

- **素材文件**｜素材\第3章\3.5.2.jpg
- **效果文件**｜效果\第3章\3.5.2.psd、3.5.2.jpg
- **视频文件**｜视频\第3章\3.5.2　输入直排APP UI图像文字.mp4

01 单击"文件"｜"打开"命令，打开一幅素材图像，如图3-90所示。

02 选取工具箱中的直排文字工具，如图3-91所示。

03 将鼠标指针移至适当位置，在图像上单击鼠标左键，确定文字的插入点，在工具属性栏中，设置"字体系列"为"微软雅黑"、"字体大小"为72点、"文本颜色"为白色（RGB参数值分别为255、255、255），如图3-92所示。

04 在图像上输入相应文字，单击工具属性栏右侧的"提交所有当前编辑"按钮，即可完成直排文字的输入操作，并将文字移至合适位置，效果如图3-93所示。

图3-90　打开素材图像

图3-91　选取直排文字工具

图3-92　设置字符属性

图3-93　最终效果

高手指引

用户不仅可以在工具属性栏中设置文字的字体，还可以在"字符"面板中设置文字的字体。

3.5.3　输入段落APP UI图像文字

在移动APP UI图像中，段落文字是一类以段落文字定界框来确定文字的位置与换行情况的文字。图3-94所示为段落文字效果。

下面向读者详细介绍运用横排文字工具制作段落文字效果的操作方法。

图3-94　段落文字效果

- **素材文件** | 素材\第3章\3.5.3.jpg
- **效果文件** | 效果\第3章\3.5.3.psd、3.5.3.jpg
- **视频文件** | 视频\第3章\3.5.3　输入段落APP UI图像文字.mp4

01 单击"文件"|"打开"命令，打开一幅素材图像，如图3-95所示。

02 选取工具箱中的横排文字工具，在图像窗口中的合适位置，创建一个文本框，如图3-96所示。

03 在工具属性栏中，设置"字体系列"为"微软雅黑"、"字体大小"为30点、"文本颜色"为黑色（RGB参数值均为0），如图3-97所示。

04 在图像上输入相应文字，单击工具属性栏右侧的"提交所有当前编辑"按钮，即可完成段落文字的输入操作，并将文字移至合适位置，效果如图3-98所示。

图3-95　打开素材图像

图3-96　创建文本框

图3-97　设置字符属性

图3-98　最终效果

高手指引

当用户改变段落文字的文本框时，文本框中的文本会根据文本框的位置自动换行。

3.5.4 设置APP UI文字属性

在设计移动UI图像时，设置文字的属性主要是在"字符"面板中进行，在"字符"面板中可以设置字体、字体大小、字符间距以及文字倾斜等属性。

下面详细介绍设置移动UI文字属性的操作方法。

● **素材文件** | 素材\第3章\3.5.4.psd

● **效果文件** | 效果\第3章\3.5.4.psd、3.5.4.jpg

● **视频文件** | 视频\第3章\3.5.4 设置APP UI文字属性.mp4

01 单击"文件"|"打开"命令，打开一幅素材图像，如图3-99所示。

02 在"图层"面板中，选择需要编辑的文字图层，如图3-100所示。

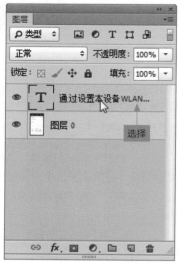

图3-99 打开素材图像　　　　　图3-100 选择文字图层

03 单击"窗口"|"字符"命令，展开"字符"面板，设置"字距调整"为200，如图3-101所示。

04 即可更改文字属性，按【Enter】键确认，效果如图3-102所示。

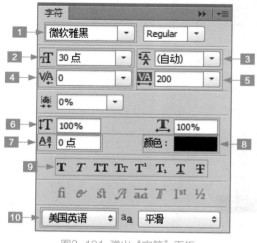

图3-101 弹出"字符"面板　　　　　图3-102 最终效果

"字符"属性面板中各选项的主要含义如下。

1. **字体系列**：在该选项列表框中可以选择字体。

2．**字体大小**：可以选择字体的大小。

3．**行距**：行距是指文本中各个字行之间的垂直间距，同一段落的行与行之间可以设置不同的行距，但文字行中的最大行距决定了该行的行距。

4．**字距微调**：用来调整两个字符之间的距离。

5．**字距调整**：选择部分字符时，可以调整所选字符的间距。

6．**垂直缩放/水平缩放**：水平缩放用于调整字符的宽度，垂直缩放用于调整字符的高度。这两个百分比相同时，可以进行等比缩放；不相同时，则可以进行不等比缩放。

7．**基线偏移**：用来控制文字与基线的距离，它可以升高或降低所选文字。

8．**颜色**：单击颜色块，可以在打开的"拾色器"对话框，设置文字的颜色。

9．**T状按钮**：T状按钮组用来创建仿粗体、斜体等文字样式。

10．**语言**：可以对所选字符进行有关连字符和拼写规则的语言设置，Photoshop CC使用语言词典检查连字符连接。

3.5.5　创建APP UI变形文字效果

在Photoshop CC中，系统自带了多种变形文字样式，用户可以通过"变形文字"对话框，对选定的移动UI中的文字进行多种变形操作，使文字更加富有灵动感。

"变形文字"对话框中的效果包括"扇形""上弧""下弧""拱形""凸起"以及"贝壳"等样式，通过更改变形文字样式，使APP中的文字显得更美观、引人注目。

下面详细介绍创建移动UI变形文字效果的操作方法。

- **素材文件**｜素材\第3章\3.5.5.psd
- **效果文件**｜效果\第3章\3.5.5.psd、3.5.5.jpg
- **视频文件**｜视频\第3章\3.5.5 创建APP UI变形文字效果.mp4

01 单击"文件"｜"打开"命令，打开一幅素材图像，如图3-103所示。

02 在"图层"面板中，选择文字图层，如图3-104所示。

03 单击"类型"｜"文字变形"命令，弹出"变形文字"对话框，在"样式"列表框中选择"旗帜"选项，如图3-105所示。

04 单击"确定"按钮，即可变形文字，选取工具箱中的移动工具，将文字移至合适位置，效果如图3-106所示。

图3-103 打开素材图像

图3-104 选择文字图层

图3-105 选择"旗帜"选项

图3-106 最终效果

第 **04** 章

设计APP UI图标

◎ 学前提示

图标的制作在移动APP UI设计中占有很主导的地位。图标是移动APP UI中不可或缺的一部分。本章将通过制作音乐APP图标、邮箱APP图标、视频APP图标等一系列图标，为读者讲解移动APP UI设计中图标的应用与制作。

◎ 本章知识重点

- 音乐APP图标设计
- 邮箱APP图标设计
- 视频APP图标设计

◎ 学完本章后应该掌握的内容

- 掌握音乐APP图标的设计方法
- 掌握邮箱APP图标的设计方法
- 掌握视频APP图标的设计方法

◎ 视频演示

4.1　音乐APP图标设计

如今，音乐已经成为人们生活中必不可少的一味调剂品，移动客户端音乐产品的竞争也越来越激烈，纷纷推出许多个性十足的新功能，让人眼花缭乱。图标就是用户接触音乐APP第一个界面，好的图标可以使音乐APP在众多产品中吸引用户关注。

本实例最终效果如图4-1所示。

图4-1　实例效果

- **素材文件** | 无
- **效果文件** | 效果\第4章\音乐APP图标.psd、音乐APP图标.jpg
- **视频文件** | 视频\第4章\4.1　音乐APP图标设计.mp4

4.1.1　设计音乐APP图标背景效果

下面主要介绍运用圆角矩形工具、"属性"面板、渐变工具、"内发光"图层样式、"投影"图层样式等设计音乐APP图标背景效果。

01 单击"文件"|"新建"命令，弹出"新建"对话框，设置"名称"为"音乐APP图标"、"宽度"为500像素、"高度"为500像素、"分辨率"为300像素/英寸，如图4-2所示，单击"确定"按钮，新建一幅空白图像。

02 展开"图层"面板，新建"图层1"图层，如图4-3所示。

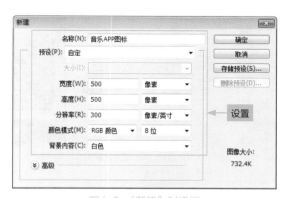

图4-2　"新建"对话框

图4-3　新建"图层1"图层

高手指引

在"新建"对话框中，"名称"选项主要用于设置文件的名称，也可以使用默认的文件名，创建文件后，文件名会自动显示在文档窗口的标题栏中；在"预设"列表框中，可以选择不同的文档类别，如 Web、A3、A4 打印纸、胶片和视频常用的尺寸预设；"宽度 / 高度"选项用来设置文档的宽度和高度，在各自的右侧下拉列表框中选择单位，如像素、英寸、毫米、厘米等。

03 选取工具箱中的圆角矩形工具，在工具属性栏上设置"选择工具模式"为"路径"，"半径"为50像素，绘制一个圆角矩形路径，如图4-4所示。

04 展开"属性"面板，设置W和H均为400像素、X和Y均为50像素，如图4-5所示。

05 执行操作后，即可修改路径的大小和位置，修改如图4-6所示。

06 按【Ctrl+Enter】组合键，将路径转换为选区，如图4-7所示。

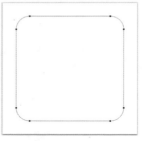

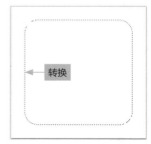

| 图4-4 绘制圆角矩形路径 | 图4-5 "属性"面板 | 图4-6 修改路径的大小和位置 | 图4-7 将路径转换为选区 |

高手指引

路径是 Photoshop CC 中的强大功能之一，它是基于"贝塞尔"曲线建立的矢量图形，所有使用矢量绘图软件或矢量绘图制作的线条，原则上都可以称为路径。路径是通过钢笔工具或形状工具创建出的直线和曲线，因此，无论路径缩小或放大都不会影响其分辨率，并保持原样。

07 选取工具箱中的渐变工具，从选区左上角至右下角填充浅红色（RGB参数为254、124、223）到深红色（RGB参数为208、9、115）的线性渐变，效果如图4-8所示。

08 按【Ctrl+D】组合键，取消选区，如图4-9所示。

09 双击"图层1"图层，弹出"图层样式"对话框，选中"内发光"复选框，在其中设置"发光颜色"为白色、"大小"为2像素，如图4-10所示。

10 选中"投影"复选框，保持默认设置，单击"确定"按钮，应用图层样式，效果如图4-11所示。

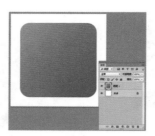

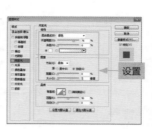

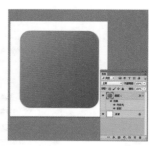

| 图4-8 为选区填充渐变色 | 图4-9 取消选区 | 图4-10 设置"内发光"参数 | 图4-11 应用图层样式 |

高手指引

选区是指通过工具或者相应命令在图像上创建的选区范围。创建选区后，即可将选区内的图像区域进行隔离，以便复制、移动、填充以及校正颜色。

4.1.2 设计音乐APP图标主体效果

下面主要介绍运用自定形状工具、渐变工具、变换控制框等，设计出音乐APP图标的主体效果。

01 展开"图层"面板，新建"图层2"图层，如图4-12所示。

02 选取工具箱中的自定形状工具，在工具属性栏上设置"选择工具模式"为"路径"，在"形状"下拉列表框中选择"八分音符"形状，如图4-13所示。

> **高手指引**
>
> 如果默认状态下的形状效果不能满足工作需要，可以单击"形状"拾色器右上角的 ✿. 按钮，在弹出的菜单中选择"全部"选项，弹出提示信息框，单击"确定"按钮，即可将 Photoshop CC 中提供的所有预设形状载入到当前的"形状"拾色器中。

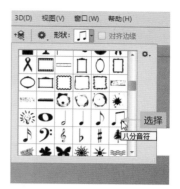

图4-12 新建"图层2"图层　　　　图4-13 设置形状

03 在图像编辑窗口中绘制一个八分音符路径，如图4-14所示。

04 按【Ctrl+Enter】组合键，将路径转换为选区，如图4-15所示。

05 选取工具箱中的渐变工具，从选区左上角至右下角填充深紫色（RGB参数为97、66、88）到黑色（RGB参数为23、2、14）的线性渐变，效果如图4-16所示。

06 按【Ctrl+D】组合键，取消选区，如图4-17所示。

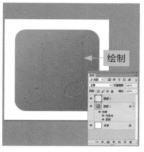
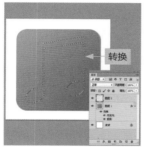

图4-14 绘制八分音符路径　　图4-15 将路径转换为选区　　图4-16 为选区填充渐变色　　　图4-17 取消选区

07 按【Ctrl+T】组合键，调出变换控制框，适当调整音符图形的大小和位置，如图4-18所示。

08 执行操作后，按【Enter】键确认，效果如图4-19所示。用户可以根据需要，设计出其他颜色的效果，如图4-20所示。

图4-18 调整音符图形的大小和位置　　图4-19 确认变换　　　　图4-20 扩展效果

4.2　邮箱APP图标设计

　　如今，移动办公趋势势不可挡，大部分职场人士每天都需要在移动端处理许多的邮件，有一款好用的邮箱APP，成为了高效人士的必备选择。在本实例中，采用包含一个信封图形的邮箱APP图标设计，让用户一目了然，从图标界面中就知道这个APP的主要功能。

　　本实例最终效果如图4-21所示。

图4-21 实例效果

- **素材文件** | 无
- **效果文件** | 效果\第4章\邮箱APP图标.psd、邮箱APP图标.jpg
- **视频文件** | 视频\第4章\4.2 邮箱APP图标设计.mp4

4.2.1 设计邮箱APP图标背景效果

下面主要介绍运用圆角矩形工具、"属性"面板、渐变工具、"内发光"图层样式等，设计邮箱APP图标背景效果。

01 单击"文件"|"新建"命令，弹出"新建"对话框，设置"名称"为"邮箱APP图标"、"宽度"为500像素、"高度"为500像素、"分辨率"为300像素/英寸，如图4-22所示，单击"确定"按钮，新建一幅空白图像。

02 展开"图层"面板，新建"图层1"图层，如图4-23所示。

03 选取工具箱中的圆角矩形工具，在工具属性栏上设置"选择工具模式"为"路径"、"半径"为80像素，绘制一个圆角矩形路径，如图4-24所示。

04 展开"属性"面板，设置W和H均为400像素、X和Y均为50像素，如图4-25所示。

图4-22 "新建"对话框

图4-23 新建"图层1"图层

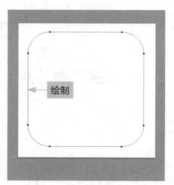

图4-24 绘制圆角矩形路径

图4-25 "属性"面板

高手指引

圆角矩形工具 用来绘制圆角矩形，选取工具箱中的圆角矩形工具，在工具属性栏的"半径"文本框中可以设置圆角半径。

05 执行操作后，即可修改路径的大小和位置，修改如图4-26所示。

06 按【Ctrl+Enter】组合键，将路径转换为选区，如图4-27所示。

07 选取工具箱中的渐变工具，在选区中从上至下填充浅绿色（RGB参数为42、192、193）到深绿色（RGB参数为20、130、150）的线性渐变，效果如图4-28所示。

08 按【Ctrl+D】组合键，取消选区，如图4-29所示。

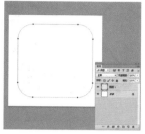
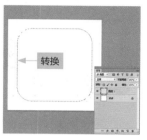
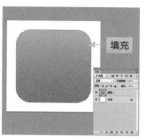
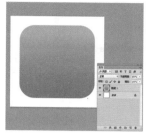

图4-26 修改路径的大小和位置　　图4-27 将路径转换为选区　　图4-28 为选区填充渐变色　　图4-29 取消选区

高手指引

在 Photoshop CC 中，创建选区是为了限制图像编辑的范围，从而得到精确的效果。在选区建立之后，选区的边界就会显现出不断交替闪烁的虚线，此虚线框表示选区的范围。

---

09 双击"图层1"图层，弹出"图层样式"对话框，选中"内发光"复选框，在其中设置"发光颜色"为白色、"大小"为2像素，如图4-30所示。

10 单击"确定"按钮，应用图层样式，效果如图4-31所示。

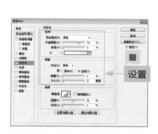
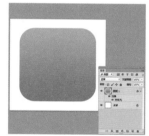

图4-30 设置"内发光"参数　　图4-31 应用图层样式

4.2.2　设计邮箱APP图标主体效果

下面主要介绍运用自定形状工具、渐变工具、变换控制框等，设计出音乐APP图标的主体效果。

01 展开"图层"面板，新建"图层2"图层，如图4-32所示。

02 选取工具箱中的自定形状工具，在工具属性栏上设置"选择工具模式"为"像素"，如图4-33所示。

03 在"形状"下拉列表框中选择"信封1"形状，如图4-34所示。

04 设置前景色为白色，在图像编辑窗口中绘制一个信封图形，如图4-35所示。

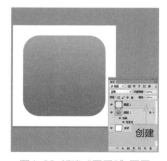

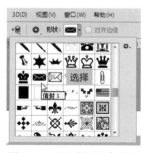

图4-32 新建"图层2"图层　　图4-33 设置选择工具模式　　图4-34 选择"信封1"形状　　图4-35 绘制信封图形

05 按【Ctrl + T】组合键，调出变换控制框，适当调整信封图形的大小和位置，如图4-36所示。

06 执行操作后，按【Enter】键确认，效果如图4-37所示。

用户可以根据需要，设计出其他颜色的效果，如图4-38所示。

图4-36 调整信封图形的大小和位置

图4-37 确认变换

图4-38 扩展效果

4.3 视频APP图标设计

随着智能手机的全面普及和流媒体大行其道，我们经常可以看见人们在上下班途中，拿着手机、戴着耳机专心致志地欣赏视频。

由此可见，视频APP也是人们消磨时光的必备应用。在本实例中，采用一个带有播放按钮的图标作为视频APP的启动图标，其寓意十分明显，就是告诉用户点击该图标即可开始播放视频。

本实例最终效果如图4-39所示。

图4-39 实例效果

- **素材文件** | 素材\第4章\千度LOGO.psd
- **效果文件** | 效果\第4章\视频APP图标.psd、视频APP图标.jpg
- **视频文件** | 视频\第4章\4.3 视频APP图标设计.mp4

4.3.1 设计视频APP图标背景效果

下面主要介绍运用圆角矩形工具、"投影"图层样式、椭圆工具、"描边"图层样式、变换控制框等，制作视频APP图标的背景效果。

01 新建一幅"名称"为"视频APP图标"、"宽度"为3厘米、"高度"为3厘米、"分辨率"为300像素/英寸的空白文件，如图4-40所示。

02 选取工具箱中的圆角矩形工具，在工具属性栏中，设置"选择工具模式"为"路径"、"半径"为"100像素"，绘制一个圆角矩形路径，如图4-41所示。

图4-40　新建空白文件

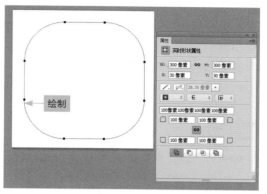

图4-41　绘制一个圆角矩形路径

03 按【Ctrl + Enter】组合键，将路径转换为选区，如图4-42所示。

04 展开"图层"面板，新建"图层1"图层，如图4-43所示。

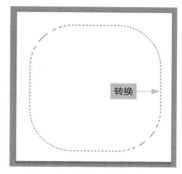

图4-42　将路径转换为选区

图4-43　新建"图层1"图层

05 设置前景色为浅蓝色（RGB参数值为50、158、238），按【Alt + Delete】组合键，填充前景色，如图4-44所示。

06 按【Ctrl + D】组合键，取消选区，如图4-45所示。

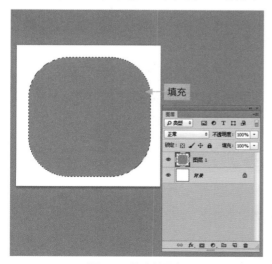

图4-44　填充前景色

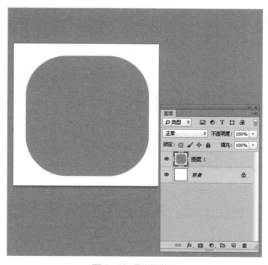

图4-45　取消选区

高手指引

在 Photoshop CC 中，使用填充工具或命令可以对图像进行快速、便捷的填充操作。可以通过"填充"命令、油漆桶工具、渐变工具以及快捷键填充方式填充颜色，油漆桶工具可以用于填充纯色和图案。

07 双击"图层1"图层，在弹出的"图层样式"对话框中，选中"投影"复选框，在其中设置"距离"为0像素、"扩展"为12%、"大小"为5像素，如图4-46所示。

08 单击"确定"按钮，即可设置图层样式，如图4-47所示。

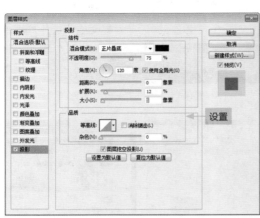

图4-46 设置"投影"中各选项

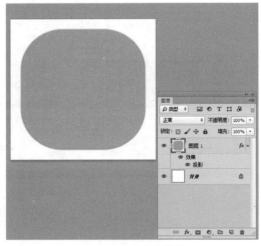

图4-47 添加投影样式

09 在"图层"面板中，新建"图层2"图层，如图4-48所示。

10 设置前景色为绿色（RGB参数值为43、198、238），选取工具箱中的椭圆工具，在工具属性栏中设置"选择工具模式"为"像素"，绘制一个椭圆，如图4-49所示。

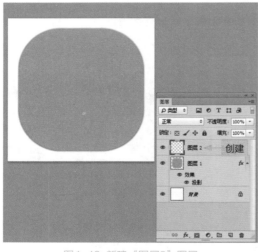

图4-48 新建"图层2"图层

图4-49 绘制椭圆

11 双击"图层2"图层，在弹出的"图层样式"对话框中选中"描边"复选框，在其中设置"大小"为5像素、"位置"为"外部"、"颜色"为白色，如图4-50所示。

12 单击"确定"按钮，即可设置图层样式，如图4-51所示。

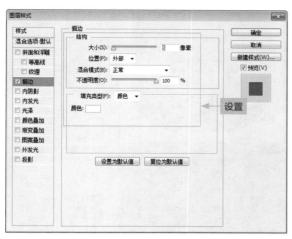

图4-50　设置"描边"中各选项

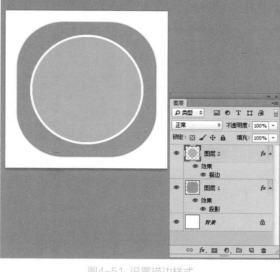

图4-51　设置描边样式

13 复制"图层2"图层，得到"图层2拷贝"图层，如图4-52所示。

14 按【Ctrl＋T】组合键，调出变换控制框，缩放至合适大小，调整至合适位置，如图4-53所示。

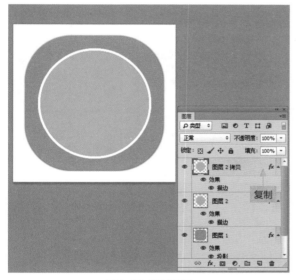

图4-52　复制图层

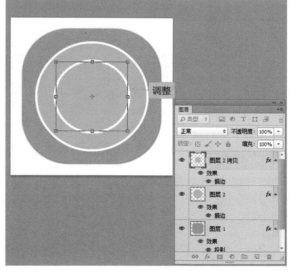

图4-53　调整图像大小

> **高手指引**
>
> 在 Photoshop CC 中，图像都是基于图层来进行处理的，图层就是图像的层次，可以将一幅作品分解成多个元素，即每一个元素都以图层的方式进行管理。
>
> 图层可以看作是一张独立的透明胶片，其中每张胶片上都绘有图像，将所有的胶片按"图层"面板中的排列次序，自上而下进行叠加，最上层的图像遮住下层同一位置的图像，而在其透明区域则可以看到下层的图像，最终通过叠加得到完整的图像。

15 按【Enter】键，确认变换操作，如图4-54所示。

16 按住【Ctrl】键的同时，单击"图层2拷贝"图层的缩览图，建立选区，如图4-55所示。

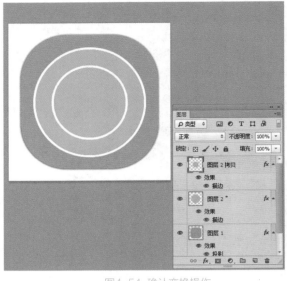

图4-54 确认变换操作

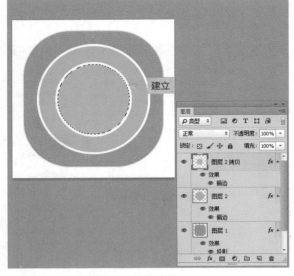

图4-55 建立选区

17 设置前景色为白色，按【Alt + Delete】组合键，填充选区为白色，如图4-56所示。

18 按【Ctrl + D】组合键，取消选区，并删除其图层样式，效果如图4-57所示。

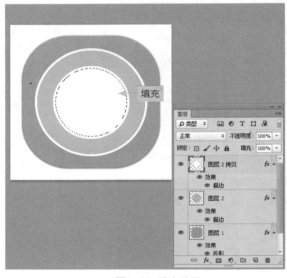

图4-56 填充选区

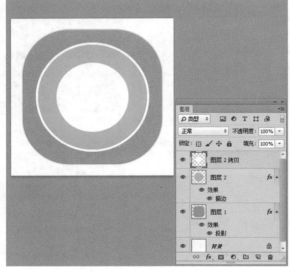

图4-57 删除图层样式

4.3.2 设计视频APP图标细节效果

下面主要介绍运用自定形状工具、"变换选区"命令、"外发光"图层样式、"投影"图层样式、"描边"图层样式等，制作视频APP图标的细节效果。

01 在"图层"面板中，新建"图层3"图层，如图4-58所示。

02 选取工具箱中的自定形状工具，在工具属性栏中设置"选择工具模式"为"路径"，单击"形状"右侧的下拉按钮，在弹出的列表框中选择"标志3"选项，如图4-59所示。

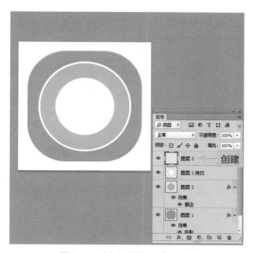

图4-58 新建"图层3"图层

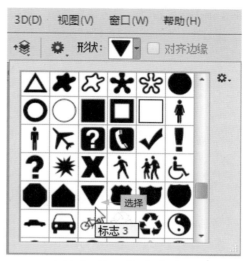

图4-59 选择"标志3"选项

03 在图像编辑窗口中绘制相应形状路径，如图4-60所示。

04 按【Ctrl＋Enter】组合键，将路径转换为选区，如图4-61所示。

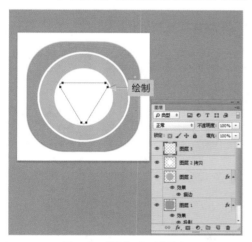

图4-60 绘制相应形状路径

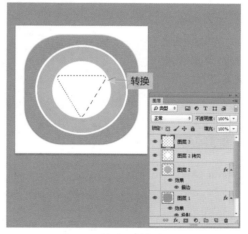

图4-61 将路径转换为选区

05 单击"选择"|"变换选区"命令，调出变换控制框，如图4-62所示。

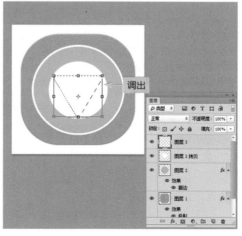

图4-62 调出变换控制框

06 在控制框中单击鼠标右键，弹出快捷菜单，选择"旋转90度（逆时针）"选项，如图4-63所示。

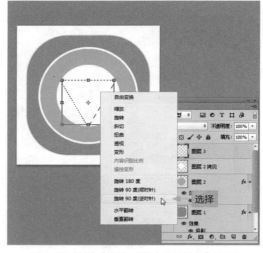

图4-63 选择"旋转90度（逆时针）"选项

07 执行操作后，即可旋转选区，如图4-64所示。

08 调整选区位置，并按【Enter】键确认变换操作，如图4-65所示。

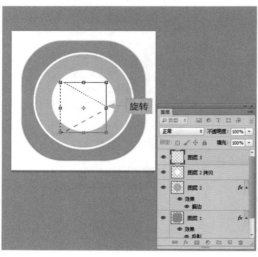

图4-64 旋转选区

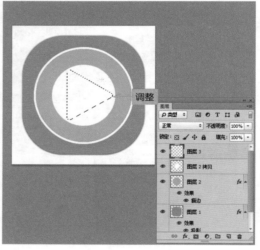

图4-65 调整选区位置

高手指引

用户在使用 Photoshop CC 处理图像时，为了使编辑和绘制的图像更加精确，用户经常要对已经创建的选区进行修改，使之更符合设计要求。

例如，运用"变换选区"命令可以直接改变选区的形状，而不会改变选区内的内容。当执行"变换选区"命令变换选区时，对于选区内的图像没有任何影响；当执行"变换"命令时，则会将选区内的图像一起变换。

09 选取工具箱中的渐变工具，为选区填充绿色（RGB参数值为55、211、237）到青色（RGB参数值为15、156、187）的线性渐变，并取消选区，如图4-66所示。

10 双击"图层3"图层，在弹出的"图层样式"对话框中选中"外发光"复选框，在其中设置"扩展"为0%、"大小"为8像素，如图4-67所示。

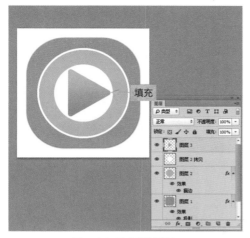

图4-66 填充线性渐变

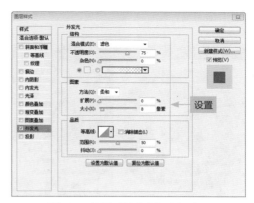

图4-67 设置"外发光"中各选项

11 选中"投影"复选框，在其中设置"距离"为0像素、"扩展"为0%、"大小"为3像素，如图4-68所示。

12 单击"确定"按钮，即可设置图层样式，如图4-69所示。

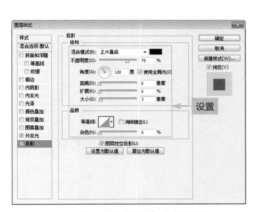

图4-68 设置"投影"中各选项

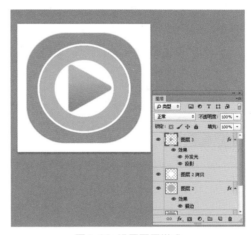

图4-69 设置图层样式

13 打开"千度LOGO.psd"素材图像，如图4-70所示。

14 将其拖曳至"视频APP图标"图像编辑窗口中，按【Ctrl+T】组合键，调出变换控制框，调整其大小和位置，如图4-71所示。

图4-70 打开素材图像

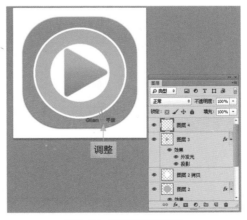

图4-71 移动并调整图像

15 双击"图层4"图层，在弹出的"图层样式"对话框中选中"描边"复选框，在其中设置"大小"为1像素、"颜色"为白色，单击"确定"按钮，即可设置图层样式，如图4-72所示。

　　用户可以根据需要，设计出其他颜色的效果，如图4-73所示。

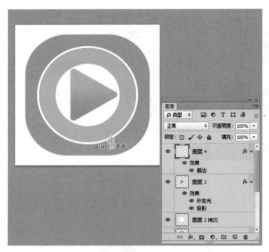
图4-72 设置图层样式效果

图4-73 扩展效果

第 **05** 章

设计APP UI图形

◎ **学前提示**

在移动APP UI设计中，图形的应用范围非常广泛，如图标、自定义控件等的制作，界面边框的制作，界面中的文字效果设计等，这些都需要基础图形的绘制作为打底，可以说UI设计基础就是图形。本章将通过制作操作鼠标形状、APP标题文字图案、登录背景图形等一系列实例，为读者讲解移动APP UI设计中图形的应用与制作。

◎ **本章知识重点**

- 操作鼠标形状设计
- APP标题文字设计
- 登录背景图形设计

◎ **学完本章后应该掌握的内容**

- 掌握游戏APP操作鼠标形状的UI设计方法
- 掌握游戏APP标题文字的UI设计方法
- 掌握APP登录背景图形的UI设计方法

◎ **视频演示**

5.1 操作鼠标形状设计

在游戏APP中，经常会运用到操作鼠标，以模拟计算机游戏的操作效果，提升用户的操作体验。本实例主要设计一个游戏APP的操作鼠标形状，最终效果如图5-1所示。

图5-1 实例效果

● **素材文件** | 素材\第5章\操作鼠标形状设计（背景）.jpg、箭头.psd
● **效果文件** | 效果\第5章\操作鼠标形状.psd、操作鼠标形状.jpg
● **视频文件** | 视频\第5章\5.1 操作鼠标形状设计.mp4

5.1.1 设计形状主体效果

下面主要运用自定形状工具、变换控制框、"平滑"命令、渐变工具、"斜面和浮雕"图层样式、"光泽"图层样式、"渐变叠加"图层样式、"投影"图层样式等，制作操作鼠标形状的主体效果。

01 单击"文件"|"打开"命令，打开一副素材图像，如图5-2所示。
02 在"图层"面板中，新建"图层1"图层，如图5-3所示。

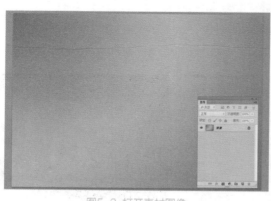

图5-2 打开素材图像　　　　　　　图5-3 新建"图层1"图层

03 设置前景色为黑色，选取工具箱中的自定形状工具，在工具属性栏上设置"选择工具模式"为"像素"、"形状"为"箭头6"，如图5-4所示。
04 在图像编辑窗口中，绘制一个合适大小的箭头6图像，如图5-5所示。

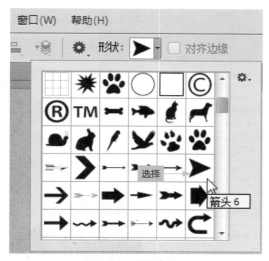

图5-4 设置形状

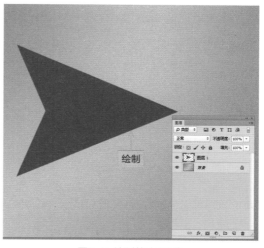

图5-5 绘制箭头6图像

05 按【Ctrl+T】组合键，调出变换控制框，适当旋转图像至合适角度，如图5-6所示。

06 按【Enter】键确认变换操作，如图5-7所示。

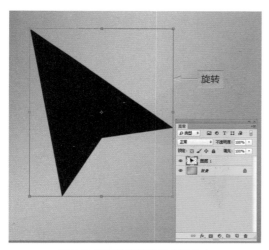

图5-6 适当旋转图像至合适角度

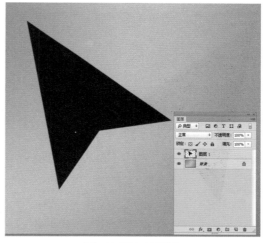

图5-7 确认变换操作

07 按住【Ctrl】键的同时单击"图层1"图层的图层缩览图，调出选区，如图5-8所示。

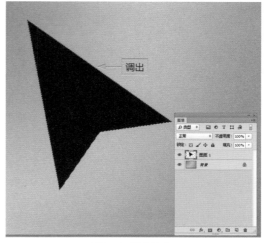

图5-8 调出选区

08 单击"选择"|"修改"|"平滑"命令，如图5-9所示。

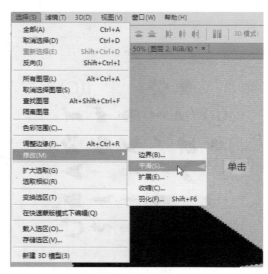

图5-9 单击"平滑"命令

09 弹出"平滑选区"对话框，设置"取样半径"为10，如图5-10所示。

10 单击"确定"按钮，平滑选区，如图5-11所示。

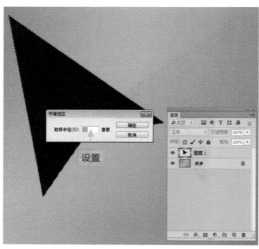

图5-10 设置"取样半径"选项

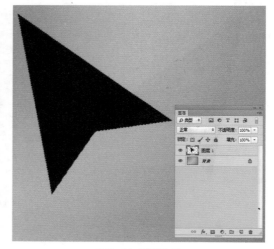

图5-11 平滑选区

11 在"图层"面板中，隐藏"图层1"图层，如图5-12所示。

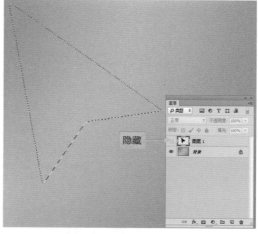

图5-12 隐藏"图层1"图层

12 在"图层"面板中，新建"图层2"图层，如图5-13所示。

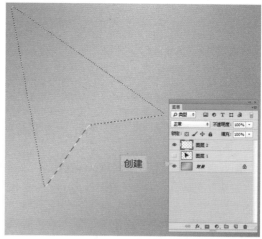

图5-13　新建"图层2"图层

13 选取工具箱中的渐变工具，为选区从尖部到尾部填充白色到黑色的径向渐变，如图5-14所示。

14 按【Ctrl+D】组合键，取消选区，如图5-15所示。

图5-14　填充径向渐变

图5-15　取消选区

15 双击"图层2"图层，在弹出的"图层样式"对话框中，选中"斜面和浮雕"复选框，设置"样式"为"外斜面"、"深度"为276%，如图5-16所示。

16 选中"光泽"复选框，设置"不透明度"为44%，如图5-17所示。

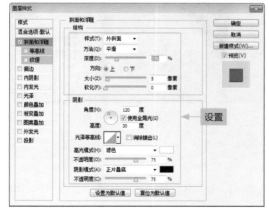

图5-16　设置"斜面和浮雕"参数

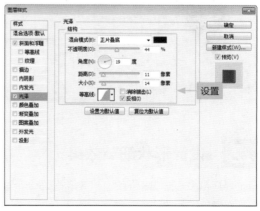

图5-17　设置"光泽"参数

高手指引

"图层样式"可以为当前图层添加特殊效果,如投影、内阴影、外发光以及浮雕等样式,在不同的图层中应用不同的图层样式,可以使整幅图像更加富有真实感和突出性。

在"斜面和浮雕"选项卡中,在"样式"选项下拉列表中可以选择斜面和浮雕的样式;"方法"选项用来选择一种创建浮雕的方法;"方向"选项用来定位光源角度后,可以通过该选项设置高光和阴影的位置;"软化"选项用来设置斜面和浮雕的柔和程度,该值越高,效果越柔和;"角度"选项用来设置光源的照射角度;"高度"选项用来设置光源高度;"光泽等高线"选项可以选择一个等高线样式,为斜面和浮雕表面添加光泽,创建具有光泽感的金属外观浮雕效果。"深度"选项用来设置浮雕斜面的应用深度,该值越高,浮雕的立体感越强。

17 选中"渐变叠加"复选框,保持默认设置即可,如图5-18所示。

18 选中"投影"复选框,设置"距离"为31、"扩展"为16、"大小"为49,如图5-19所示。

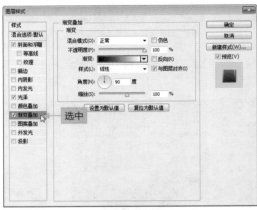

图5-18 选中"渐变叠加"复选框

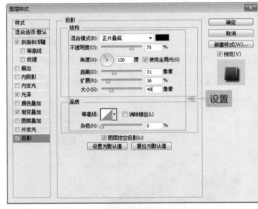

图5-19 设置"投影"参数

19 单击"确定"按钮,添加相应的图层样式,如图5-20所示。

20 在"图层"面板中,新建"图层3"图层,如图5-21所示。

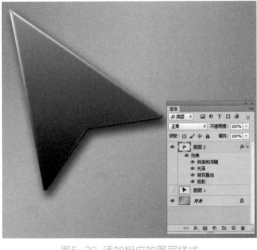

图5-20 添加相应的图层样式

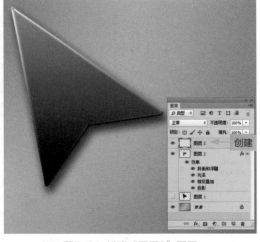

图5-21 新建"图层3"图层

5.1.2 设计形状细节效果

下面主要运用多边形套索工具、"羽化"命令、渐变工具、"斜面和浮雕"图层样式、"内阴影"图层样式等,制作操作鼠标形状的细节效果。

01 选取工具箱中的多边形套索工具，创建一个多边形选区，如图5-22所示。

02 单击"选择"|"修改"|"羽化"命令，弹出"羽化选区"对话框，设置"羽化半径"为10像素，如图5-23所示。

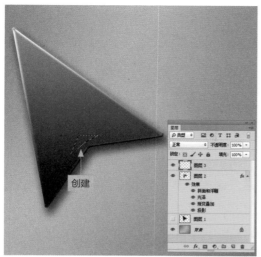

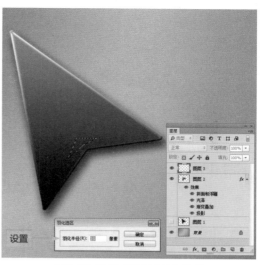

图5-22　创建多边形选区　　　　　　　　　　　图5-23　设置"羽化半径"选项

03 单击"确定"按钮，即可将选区羽化10个像素，如图5-24所示。

04 选取工具箱中的渐变工具，为选区从上至下填充白色到黑色的线性渐变，如图5-25所示。

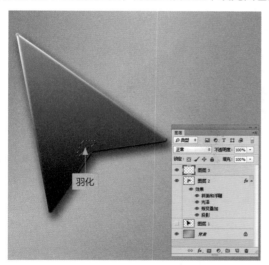
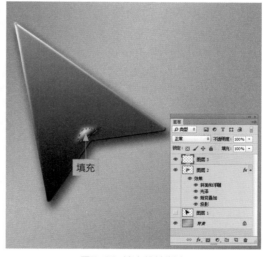

图5-24　羽化选区　　　　　　　　　　　　　图5-25　填充线性渐变

高手指引

运用渐变工具可以对所选定的图像进行多种颜色的渐变填充，从而达到增强图像的视觉效果。选取工具箱中的渐变工具，在工具属性栏中单击"点按可编辑渐变"按钮，弹出"渐变编辑器"对话框，渐变编辑器中的"位置"文本框中显示标记点在渐变效果预览条的位置，用户可以输入数字来改变颜色标记点的位置，也可以直接拖曳渐变颜色带下端的颜色标记点，单击【Delete】键可将此颜色标记点删除。

05 按【Ctrl+D】组合键，取消选区，如图5-26所示。

06 设置"图层3"图层的"不透明度"为50%，效果如图5-27所示。

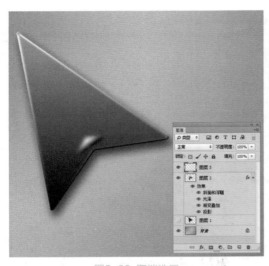

图5-26 取消选区

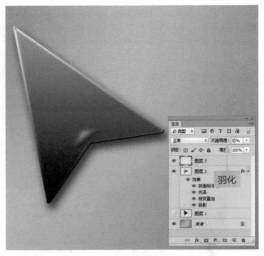

图5-27 设置图层"不透明度"

07 为该图层添加默认的"斜面和浮雕"图层样式,效果如图5-28所示。

08 打开"箭头.psd"素材图像,将其拖曳至"操作鼠标形状设计(背景)"图像编辑窗口中的合适位置,如图5-29所示。

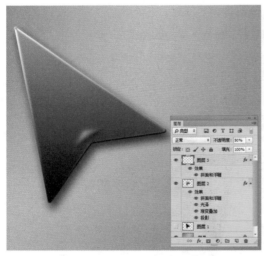

图5-28 为图层添加"斜面和浮雕"图层样式

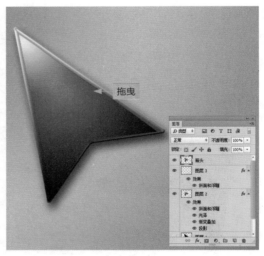

图5-29 添加箭头素材

09 双击"箭头"图层,在弹出的"图层样式"对话框中,选中"斜面和浮雕"复选框,设置"样式"为"枕状浮雕"、"深度"为150%、"大小"为20像素、"软化"为16像素,如图5-30所示。

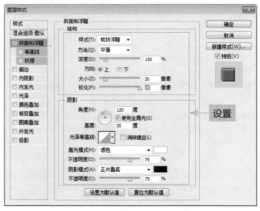

图5-30 设置"斜面和浮雕"参数

10 选中"内阴影"复选框，保持默认设置即可，如图
5-31所示。

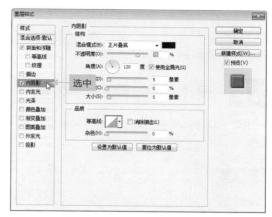

图5-31 选中"内阴影"复选框

11 单击"确定"按钮，添加相应的图层样式，如图5-32所示。

12 将"箭头"图层移至"图层3"图层的下方，完成操作鼠标形状设计的操作，效果如图5-33所示。

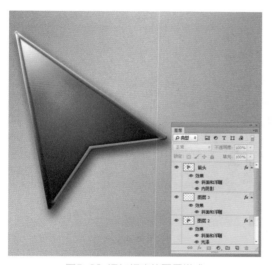

图5-32 添加相应的图层样式

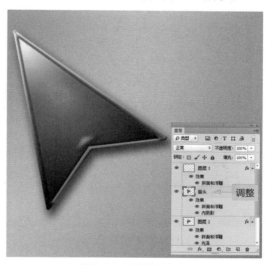

图5-33 调整图层顺序

5.2　APP标题文字设计

在APP标题文字修饰设计中，为扩展的文字边框填充定义的图案，使APP的文字效果与整体画面效果更加和谐。本实例最终效果如图5-34所示。

图5-34 实例效果

- **素材文件** | 素材\第5章\APP标题文字（背景）.jpg、文字.jpg、图钉.psd
- **效果文件** | 效果\第5章\APP标题文字.psd、APP标题文字.jpg
- **视频文件** | 视频\第5章\5.2 APP标题文字设计.mp4

5.2.1 设计APP标题文字效果

下面主要运用横排文字工具、"字符"面板、"斜面和浮雕"图层样式、"描边"图层样式等，制作APP标题的文字效果。

> **高手指引**
>
> 在图像编辑窗口中输入文字后，单击工具属性栏上的"提交所有当前编辑"按钮 ✔，或者单击工具属箱中的任意一种工具，确认输入的文字。如果单击工具属性栏上的"取消所有当前编辑"按钮 ⊘，则可以清除输入的文字。

01 单击"文件"|"打开"命令，打开一幅素材图像，如图5-35所示。

02 选取工具箱中的横排文字工具，在图像上单击鼠标左键，确认插入点，如图5-36所示。

图5-35 打开素材图像

图5-36 确认插入点

03 单击"窗口"|"字符"命令，展开"字符"面板，设置"字体系列"为"华康海报体"、"字体大小"为20点、"颜色"为白色，如图5-37所示。

04 输入文字"猜猜猜游戏"，并移至合适位置，效果如图5-38所示。

图5-37 设置字符属性

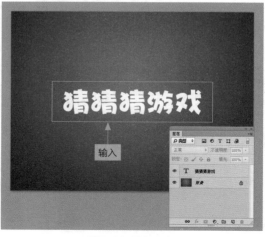

图5-38 输入文字

05 双击该文字图层，在弹出的"图层样式"对话框中，选中"斜面和浮雕"复选框，设置"深度"为225%、"大小"为5像素、"软化"为7像素，如图5-39所示。

06 选中"描边"复选框，设置"大小"为6像素、"位置"为"外部"、"颜色"为棕色（RGB参数值为109、58、18），如图5-40所示。

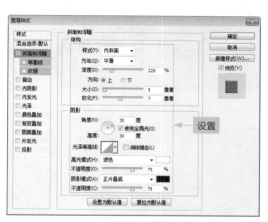

图5-39 设置"斜面和浮雕"参数

图5-40 设置"描边"参数

07 单击"确定"按钮，应用图层样式，效果如图5-41所示。

08 复制该文字图层，并将复制的图层移至该文字图层的下方，调整图层顺序，如图5-42所示。

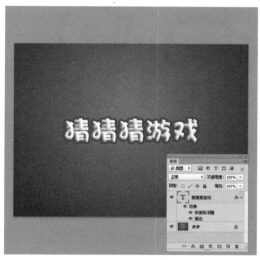

图5-41 应用图层样式效果

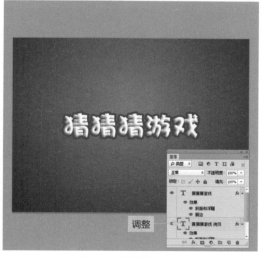

图5-42 调整图层顺序

高手指引

用户可以打开"图层"面板，将鼠标指针拖曳至图层下方的"效果"文字上，单击鼠标右键，弹出"缩放图层效果"对话框，然后设置"缩放"大小，单击"确定"按钮，即可缩放图层样式。"缩放图层"的功能主要是对当前图层样式的大小进行调整，适当对图层样式进行调整，不会对图像造成影响。

09 在复制的文字图层上单击鼠标右键，在弹出的快捷菜单中选择"栅格化文字"选项，如图5-43所示。

10 再次在复制的文字图层上单击鼠标右键，在弹出的快捷菜单中选择"栅格化图层样式"选项，栅格化为普通图层，如图5-44所示。

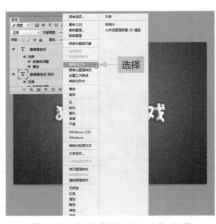

图5-43 选择"栅格化文字"选项

图5-44 栅格化为普通图层

5.2.2 设计APP标题主体效果

下面主要运用矩形选框工具、"定义图案"命令、"扩展"命令、油漆桶工具、"斜面和浮雕"图层样式等，制作APP标题文字的主体效果。

01 单击"文件"|"打开"命令，打开"文字.jpg"素材图像，如图5-45所示。

02 选取工具箱中的矩形选框工具，在图像上创建一个矩形选区，如图5-46所示。

图5-45 打开素材图像

图5-46 创建矩形选区

03 单击"编辑"|"定义图案"命令，弹出"图案名称"对话框，设置"名称"为"图案2"，如图5-47所示。

图5-47 定义图案

04 单击"确定"按钮，切换至"APP标题文字（背景）"图像编辑窗口，按住【Ctrl】键的同时，单击"猜猜猜游戏 拷贝"图层的图层缩览图，调出选区，如图5-48所示。

图5-48 调出选区

05 单击"选择"｜"修改"｜"扩展"命令，弹出"扩展选区"对话框，设置"扩展量"为15像素，如图5-49所示。
06 单击"确定"按钮，扩展选区，如图5-50所示。

图5-49 设置"扩展量"

图5-50 扩展选区

07 选取工具箱中的油漆桶工具，在工具属性栏上，设置"设置填充区域的源"为"图案2"，如图5-51所示。
08 在选区内多次单击鼠标左键，填充图案，如图5-52所示。

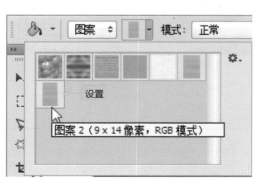

图5-51 设置"设置填充区域的源"

图5-52 填充图案

高手指引

油漆桶工具 🪣 可以快速、便捷地为图像填充颜色。在油漆桶工具的工具属性栏中，"不透明度"选项用来设置填充颜色的不透明度；"容差"选项用来控制填充范围的大小，数值越小，所填充的范围越小，数值越大，则填充范围越大；"消除锯齿"选项用来模糊填充边缘的像素，使其与背景像素产生颜色的过渡，从而消除边缘明显的锯齿；选中"连续"复选框后，只填充与鼠标单击处相连接中的相近颜色。

09 按【Ctrl+D】组合键，取消选区，如图5-53所示。

10 双击"猜猜猜游戏 拷贝"图层，在弹出的"图层样式"对话框中，选中"斜面和浮雕"复选框，设置"深度"为317%，如图5-54所示。

图5-53 取消选区

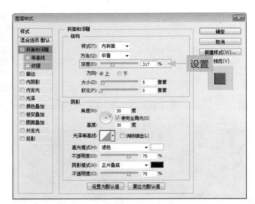

图5-54 设置"斜面和浮雕"参数

11 单击"确定"按钮，添加"斜面和浮雕"图层样式，效果如图5-55所示。

12 打开"图钉.psd"素材图像，将其拖曳至"APP标题文字（背景）"图像编辑窗口中的合适位置，效果如图5-56所示。

图5-55 应用图层样式效果

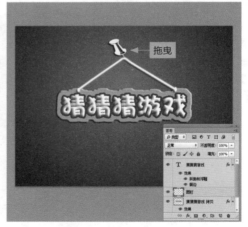

图5-56 添加图钉素材图像

5.3　登录背景图形设计

　　APP登录背景样式有很多种，根据不同企业和个人需要可以设计出不同的样式，下面通过一个比较经典的案例来进行讲解，最终效果如图5-57所示。

图5-57 实例效果

● **素材文件** | 素材\第5章\样式1.psd、样式2.psd、按钮与输入框.psd、泡泡.psd等
● **效果文件** | 效果\第5章\登录背景图形.psd、登录背景图形.jpg
● **视频文件** | 视频\第5章\5.3 登录背景图形设计.mp4

5.3.1 设计登录背景图形主体效果

下面主要运用矩形工具、"投影"图层样式以及添加素材等，制作APP登录背景图形的主体效果。

01 单击"文件"|"新建"命令，弹出"新建"对话框，设置"名称"为"登录背景图形"、"宽度"为720像素、"高度"为1050像素、"分辨率"为72像素/英寸、"颜色模式"为"RGB颜色"、"背景内容"为"白色"，如图5-58所示。

02 单击"确定"按钮，新建一幅空白图像，如图5-59所示。

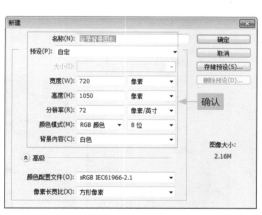

图5-58 "新建"对话框

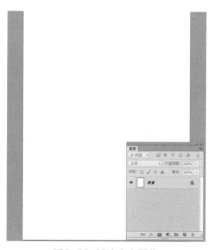

图5-59 新建空白图像

03 展开"图层"面板，新建"图层1"图层，如图5-60所示。

04 设置前景色为白色，选取工具箱中的矩形工具，绘制一个填充矩形，如图5-61所示（隐藏"背景"图层的效果）。

图5-60 新建"图层1"图层　　　　　　　图5-61 绘制矩形

05 双击"图层1"图层，弹出"图层样式"对话框，选中"投影"复选框，在其中设置"距离"为10像素、"扩展"为21%、"大小"为10像素，如图5-62所示。

06 单击"确定"按钮，应用"投影"图层样式，效果如图5-63所示。

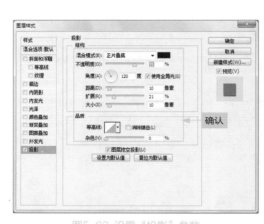

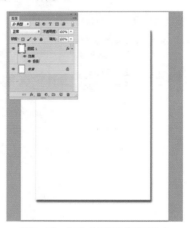

图5-62 设置"投影"参数　　　　　　　图5-63 应用"投影"图层样式

07 打开"样式1.psd"素材图像，将其拖曳至"登录背景图形"图像编辑窗口中的适当位置处，如图5-64所示。

08 复制"图层2"图层，得到"图层2 拷贝"图层，如图5-65所示。

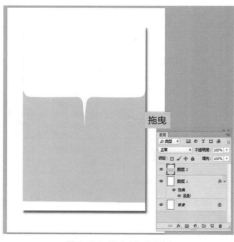

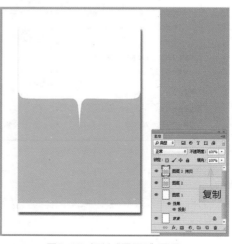

图5-64 拖入样式素材　　　　　　　　图5-65 复制"图层2"图层

09 按住【Ctrl】键的同时，单击"图层2 拷贝"图层的图层缩览图，调出选区，如图5-66所示。

10 设置前景色为绿色（RGB参数值为34、183、179），如图5-67所示。

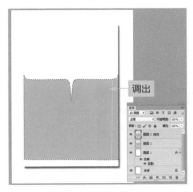

图5-66　调出选区

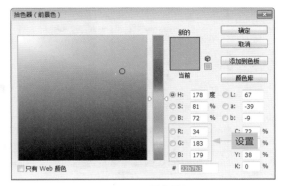

图5-67　设置前景色

11 按【Alt+Delete】组合键，为选区填充前景色，如图5-68所示。

12 按【Ctrl+D】组合键，取消选区，并将图像移至合适位置处，效果如图5-69所示。

图5-68　填充前景色

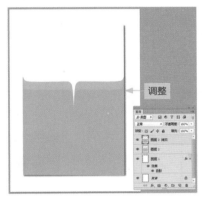

图5-69　移动图像

5.3.2　设计登录背景图形细节效果

　　下面主要运用椭圆选框工具、图层混合模式以及添加各种图形素材等，制作APP登录背景图形的细节效果。

01 在"图层"面板中，新建"图层3"图层，如图5-70所示。

02 选取工具箱中的椭圆选框工具，在工具属性栏上设置"羽化"为50像素，如图5-71所示。

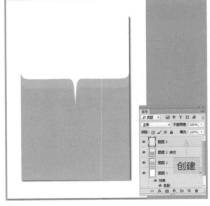

图5-70　新建"图层3"图层

图5-71　设置"羽化"选项

03 在图像编辑窗口中，按住【Shift】键的同时绘制出一个正圆选区，如图5-72所示。

04 设置前景色为白色，给正圆选区填充颜色，如图5-73所示。

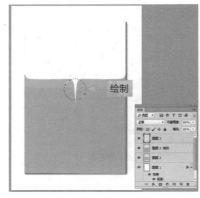 

图5-72 绘制正圆选区　　　　　　　　　　图5-73 填充颜色

高手指引

填充是指在被编辑的图像中，可以对整体或局部使用单色、多色或复杂的图案进行覆盖，Photoshop CC 中的"填充"命令功能非常强大。

使用"填充"命令，可以只在指定选区内填充相应的颜色。通常情况下，在运用该命令进行填充操作前，需要创建一个合适的选区，若当前图像中不存在选区，则填充效果将作用于整幅图像，此外该命令对"背景"图层操作时无效。

05 将"图层3"图层移至"图层2 拷贝"图层下方，调整图层顺序，如图5-74所示。

06 按【Ctrl+D】组合键，取消选区，如图5-75所示。

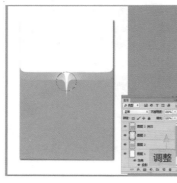 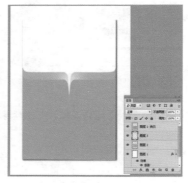

图5-74 调整图层顺序　　　　　　　　　　图5-75 取消选区

07 单击"文件"|"打开"命令，打开"样式2.psd"素材图像，如图5-76所示。

图5-76 打开素材

08 运用移动工具将其拖曳至"登录背景图形"图像编辑窗口中,将素材移至合适位置,如图5-77所示。

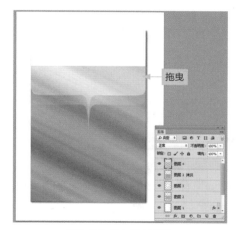

图5-77 拖入素材图像

09 在"图层"面板中,设置"图层4"图层的"混合模式"为"叠加",效果如图5-78所示。

10 打开"按钮与输入框.psd"素材,并将其拖曳至"登录背景图形"图像编辑窗口中,移至合适位置,效果如图5-79所示。

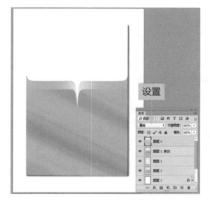

图5-78 设置图层混合模式效果

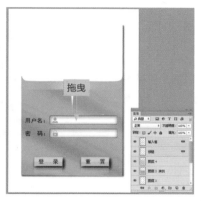

图5-79 拖入按钮与输入框素材

11 打开"泡泡.psd"素材,并将其拖曳至"登录背景图形"图像编辑窗口中,并将其移至"按钮"图层的下方,效果如图5-80所示。

12 打开"标题文字.psd"素材,并将其拖曳至"登录背景图形"图像编辑窗口中,移至合适位置,效果如图5-81所示。

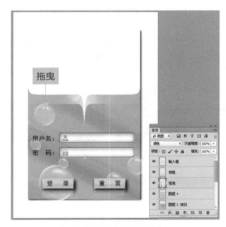

图5-80 添加泡泡素材

图5-81 添加标题文字素材

第 **06** 章

设计APP UI按钮

❋ 学前提示

按钮控件是APP中的一种基础控件，根据其风格属性可以派生出命令按钮、复选框、单选按钮、组框和自绘式按钮，在移动APP中随处可见。本章将通过制作APP登录按钮、开始游戏按钮、APP命令按钮等一系列实例，为读者讲解移动APP UI设计中按钮的应用与制作。

❋ 本章知识重点

- APP登录按钮设计
- 开始游戏按钮设计
- APP命令按钮设计

❋ 学完本章后应该掌握的内容

- 掌握APP登录按钮的UI设计方法
- 掌握"开始游戏"按钮的UI设计方法
- 掌握APP命令按钮的UI设计方法

❋ 视频演示

6.1　APP登录按钮设计

　　登录（Login）是进入操作系统或者APP应用程序的过程，是使用各类APP时最常用的操作之一。本案例最终效果如图6-1所示。

图6-1　实例效果

● **素材文件** | 无

● **效果文件** | 效果\第6章\APP登录按钮.psd、APP登录按钮.jpg

● **视频文件** | 视频\第6章\6.1　APP登录按钮设计.mp4

6.1.1　制作APP登录按钮背景效果

　　下面主要运用矩形选框工具、渐变工具、椭圆工具、图层混合模式等，制作APP登录按钮的背景效果。

01 单击"文件"|"新建"命令，弹出"新建"对话框，设置"名称"为"APP登录按钮"、"宽度"为6.2厘米、"高度"为4.2厘米、"分辨率"为300像素/英寸，如图6-2所示。

02 单击"确定"按钮，新建一幅空白图像，新建"图层1"图层，如图6-3所示。

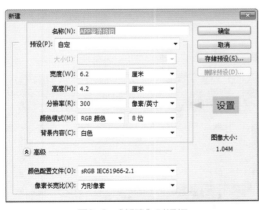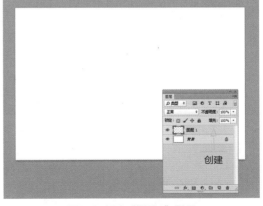

图6-2　"新建"对话框　　　　　　　图6-3　新建"图层1"图层

03 选取工具箱中的矩形选框工具，在图像编辑窗口中的合适位置绘制一个矩形选区，如图6-4所示。

04 选取工具箱中的渐变工具，在工具属性栏中，单击"点按可编辑渐变"按钮，弹出"渐变编辑器"对话框，在渐变色条中，从左至右分别设置两个色标，色标RGB参数值分别为（117、190、31）和（61、116、8），如图6-5所示。

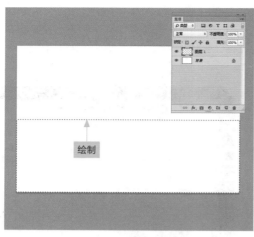

图6-4 适绘制矩形选区

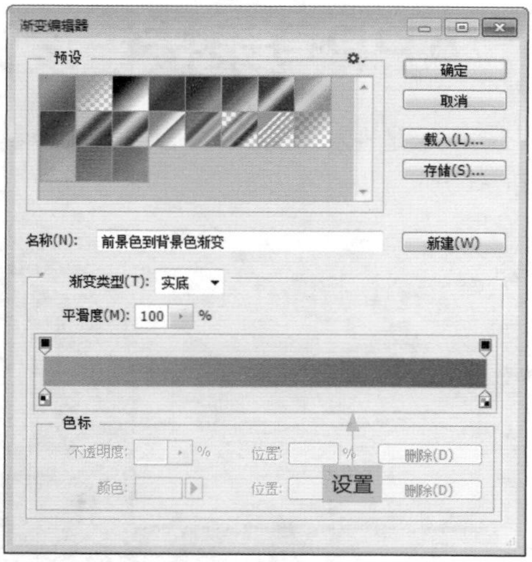

图6-5 设置渐变色

05 单击"确定"按钮,从上往下为选区填充线性渐变,如图6-6所示。

06 按【Ctrl+D】组合键,取消选区,如图6-7所示。

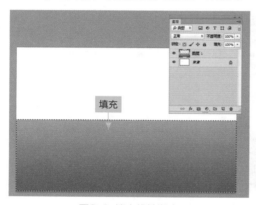
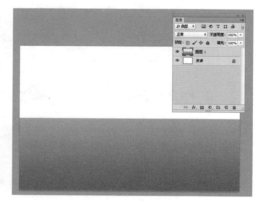

图6-6 填充线性渐变

图6-7 取消选区

07 在"图层"面板中,新建"图层2"图层,如图6-8所示。

08 运用工具箱中的矩形选框工具,在编辑窗口中的白色位置处,绘制一个矩形选区,如图6-9所示。

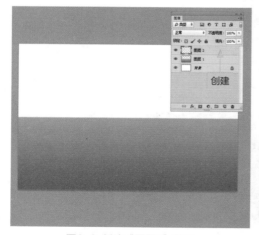
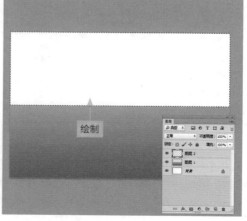

图6-8 新建"图层2"图层

图6-9 绘制矩形选区

在选区的运用中，第一次创建的选区一般很难完成理想的选择范围，因此要进行第二次，或者第三次的选择，此时用户可以使用选区范围加减运算功能，这些功能都可直接通过工具属性栏中的图标来实现。在 Photoshop CC 中，当用户要创建新选区时，可以单击"新选区"按钮 □，即可在图像中创建不重复选区。如果用户要在已经创建的选区之外再加上另外的选择范围，就需要用到选框工具。创建一个选区后，单击"添加到选区"按钮 □，即可得到两个选区范围的并集。运用"从选区减去"按钮 □，是对已存在的选区运用选框工具将原有选区减去一部分。在创建一个选区后，单击"与选区交叉"按钮 □，再创建一个选区，此时就会得到两个选区的交集。

09 选取工具箱中的渐变工具，为选区从上至下填充浅绿色（RGB参数值为200、250、151）到绿色（RGB参数值为140、208、30）的线性渐变，如图6-10所示。

10 按【Ctrl＋D】组合键，取消选区，如图6-11所示。

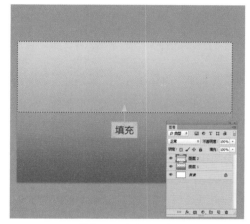

图6-10 填充渐变色

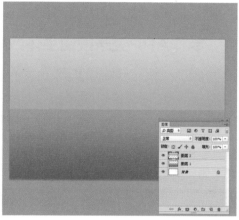

图6-11 取消选区

11 选取工具箱中的椭圆工具，设置前景色为白色，在工具属性栏中设置"选择工具模式"为"形状"，如图6-12所示。

12 在图像编辑区中的合适位置绘制一个白色椭圆形状，如图6-13所示。

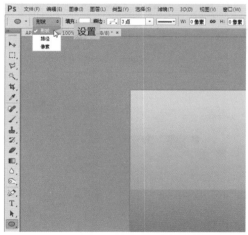

图6-12 选择工具模式

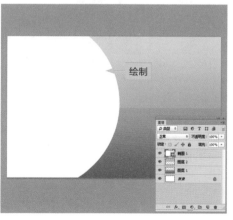

图6-13 绘制白色椭圆形状

13 在"图层"面板中，设置"椭圆1"形状图层的"混合模式"为"柔光"，效果如图6-14所示。

14 在"图层"面板中，新建"图层3"图层，如图6-15所示。

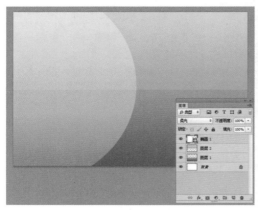

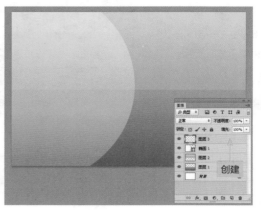

| 图6-14 图像效果 | 图6-15 新建"图层3"图层 |

6.1.2 制作APP登录按钮主体效果

下面主要运用矩形工具、"斜面和浮雕"图层样式、"渐变叠加"图层样式、"投影"图层样式、"收缩"命令、"内发光"图层样式、横排文字工具、"字符"面板等,制作APP登录按钮的主体效果。

01 设置"前景色"为白色,选取工具箱中的矩形工具,在工具属性栏中设置"选择工具模式"为"像素",绘制一个白色矩形,如图6-16所示。

02 双击"图层3"图层,弹出"图层样式"对话框,选中"斜面和浮雕"复选框,在其中设置"样式"为"内斜面"、"方法"为"平滑"、"大小"为3像素,如图6-17所示。

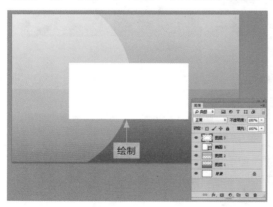

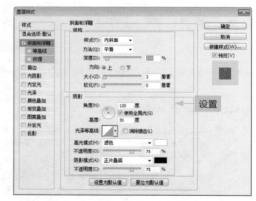

图6-16 绘制白色矩形 　　　　图6-17 设置"斜面和浮雕"参数

03 选中"渐变叠加"复选框,单击"点按可编辑渐变"按钮,弹出"渐变编辑器"对话框,在其中设置渐变颜色为浅绿色(RGB参数值为188、228、150)到绿色(RGB参数值为181、250、80),如图6-18所示。

图6-18 设置渐变颜色

04 单击"确定"按钮，返回"图层样式"对话框，继续设置"样式"为"线性"、"角度"为90度，如图6-19所示。

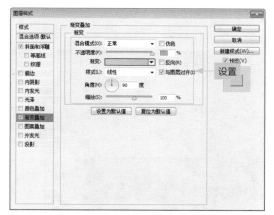

图6-19 设置"渐变叠加"参数

05 选中"投影"复选框，保持默认设置即可，如图6-20所示。
06 单击"确定"按钮，即可设置图层样式，效果如图6-21所示。

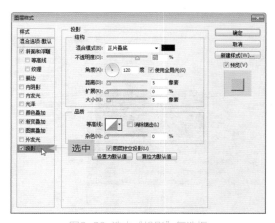

图6-20 选中"投影"复选框

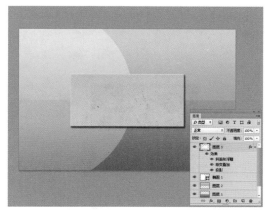

图6-21 设置图层样式效果

高手指引

在处理图像时，Photoshop CC 会自动将已执行的操作记录在"历史记录"面板中，用户可以使用该面板撤销前面所进行的任何操作，还可以在图像处理过程中为当前结果创建快照，并且还可以将当前图像处理结果保存为文件。

07 按住【Ctrl】键的同时，单击"图层3"图层，建立选区，如图6-22所示。
08 单击"选择"|"修改"|"收缩"命令，弹出"收缩选区"对话框，设置"收缩量"为10像素，如图6-23所示。

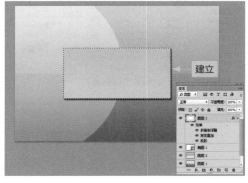

图6-22 建立选区

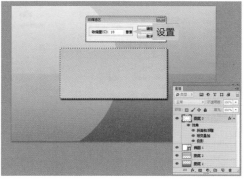

图6-23 设置"收缩量"

09 单击"确定"按钮，即可收缩选区，如图6-24所示。

10 在"图层"面板中，新建"图层4"图层，如图6-25所示。

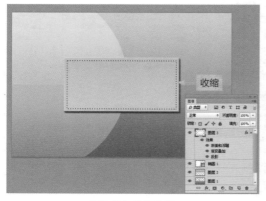

图6-24　收缩选区

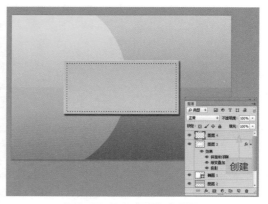

图6-25　新建"图层4"图层

11 设置"前景色"为黑色，按【Alt+Delete】组合键，填充前景色，如图6-26所示。

12 按【Ctrl+D】组合键，取消选区，如图6-27所示。

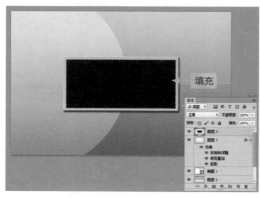

图6-26　填充前景色

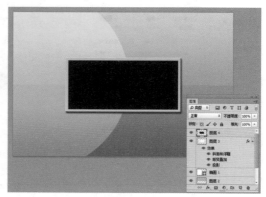

图6-27　取消选区

13 双击"图层4"图层，在弹出的"图层样式"对话框中，选中"内发光"复选框，在其中设置"混合模式"为"正常"、"不透明度"为85%、"发光颜色"为深绿色（RGB参数值为123、178、36）、"阻塞"为0%、"大小"为20像素，如图6-28所示。

14 选中"渐变叠加"复选框，在其中设置"渐变"颜色为浅绿色（RGB参数值为187、229、118）到白色（RGB参数值均为255）、"缩放"为75%，选中"反向"复选框，如图6-29所示。

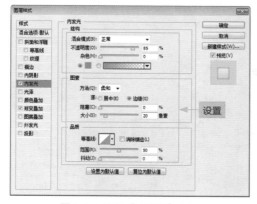

图6-28　设置"内发光"参数

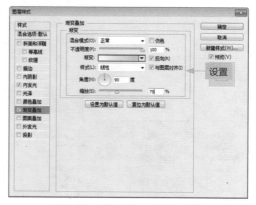

图6-29　设置"渐变叠加"参数

15 单击"确定"按钮，即可设置图层样式，效果如图6-30所示。

16 选取工具箱中的横排文字工具，在编辑区中单击鼠标左键，确认插入点，如图6-31所示。

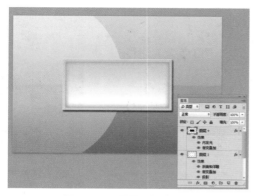
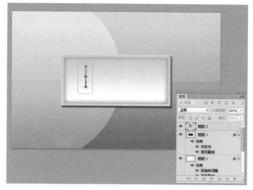

图6-30　设置图层样式效果　　　　　　　　　　　　图6-31　确认文字插入点

17 单击"窗口"|"字符"命令，调出"字符"面板，设置"字体系列"为"微软雅黑"、"字体大小"为18点、"字距调整"为500、"颜色"为白色，如图6-32所示。

18 输入文字"登录"，调整至合适位置，如图6-33所示。

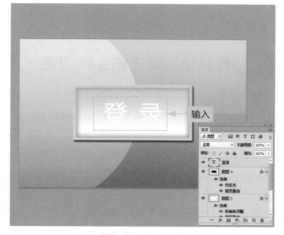

图6-32　设置字符属性　　　　　　　　　　　　　　图6-33　输入文字

19 双击文字图层，在弹出的"图层样式"对话框中，选中"投影"复选框，在其中设置"距离"为3像素、"大小"为3像素，如图6-34所示。

20 单击"确定"按钮，应用"投影"图层样式，效果如图6-35所示。

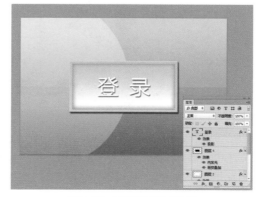

图6-34　设置"投影"参数　　　　　　　　　　　　图6-35　应用图层样式效果

6.2 开始游戏按钮设计

按钮是界面设计中最重要的一个元素，一个漂亮的界面往往体现在按钮的质感上，水晶一般的按钮使人眼前一亮。

本实例最终效果如图6-36所示。

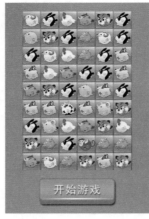

图6-36 实例效果

● **素材文件** 素材\第6章\开始游戏按钮（背景）.jpg、光线.psd、游戏画面.jpg

● **效果文件** 效果\第6章\开始游戏按钮.psd、开始游戏按钮.jpg

● **视频文件** 视频\第6章\6.2 开始游戏按钮设计.mp4

6.2.1 制作开始游戏按钮主体效果

下面主要运用圆角矩形工具、"投影"图层样式、"变换选区"命令、渐变工具、"内阴影"图层样式、"内发光"图层样式等，制作开始游戏按钮的主体效果。

01 单击"文件" | "打开"命令，打开一幅素材图像，如图6-37所示。

02 展开"图层"面板，新建"图层1"图层，如图6-38所示。

图6-37 打开素材图像　　　　　　　　图6-38 新建"图层1"图层

03 设置前景色为浅蓝色（RGB参数值为0、118、167），如图6-39所示。

04 选取工具箱中的圆角矩形工具，在工具属性栏中设置"选择工具模式"为"像素"、"半径"为"10像素"，绘制一个圆角矩形，如图6-40所示。

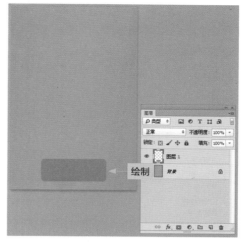

图6-39 设置前景色　　　　　　　图6-40 绘制圆角矩形

05 双击"图层1"图层，弹出"图层样式"对话框，选中"投影"复选框，在其中设置"距离"为3像素、"扩展"为0%、"大小"为3像素，如图6-41所示。

06 单击"确定"按钮，添加图层样式，效果如图6-42所示。

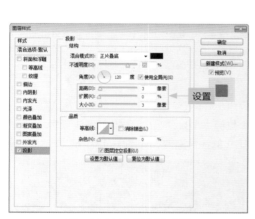

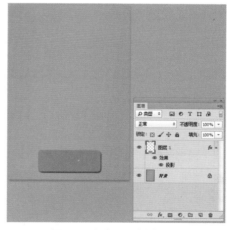

图6-41 设置"投影"参数　　　　　　　图6-42 添加图层样式效果

07 展开"图层"面板，新建"图层2"图层，如图6-43所示。

08 按住【Ctrl】键的同时，单击"图层1"图层的图层缩览图，建立选区，如图6-44所示。

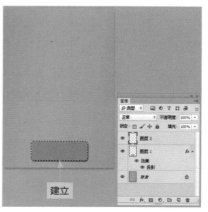

图6-43 新建"图层2"图层　　　　　　　图6-44 建立选区

09 在菜单栏中，单击"选择"|"变换选区"命令，如图6-45所示。

10 执行操作后，即可调出变换控制框，如图6-46所示。

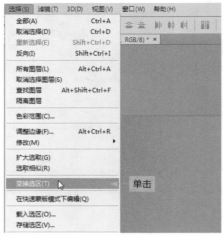

图6-45 单击"变换选区"命令

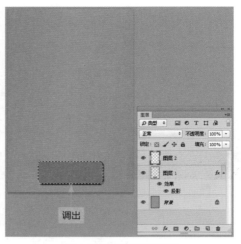

图6-46 调出变换控制框

高手指引

移动选区可以使用工具箱中的任何一种选框工具，是图像处理中最常用的操作方法。适当地对选区的位置进行调整，可以使图像更符合设计的需求。

在移动选区的过程中，按住【Shift】键的同时，可沿水平、垂直或45度角方向进行移动，若使用键盘上的4个方向键来移动选区，按一次键移动一个像素，若按【Shift+方向键】组合键，按一次键可以移动10个像素的位置，若按住【Ctrl】键的同时并拖曳选区，则移动选区内的图像。"取消选择"命令相对应的快捷键为【Ctrl+D】组合键。

11 适当调整选区的大小，并按【Enter】键确认，如图6-47所示。

12 选取工具箱中的渐变工具，为选区填充蓝色（RGB参数值为18、157、215）到浅蓝色（RGB参数值为34、176、237）再到蓝色（RGB参数值为18、157、215）的线性渐变，如图6-48所示。

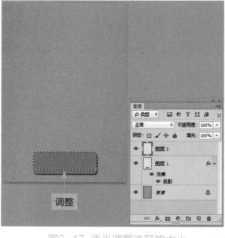

图6-47 适当调整选区的大小

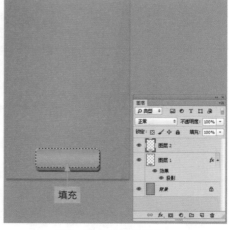

图6-48 填充线性渐变

13 按【Ctrl+D】组合键，取消选区，如图6-49所示。

14 双击"图层2"图层，弹出"图层样式"对话框，选中"内阴影"复选框，在其中设置"距离"为0像素、"阻塞"为0%、"大小"为5像素，如图6-50所示。

图6-49 取消选区　　　　　　　　　　　图6-50 设置"内阴影"参数

15 选中"内发光"复选框，在其中设置"混合模式"为"滤色"、"颜色"为蓝色（RGB参数值为1、67、186）、"阻塞"为8%、"大小"为10像素，如图6-51所示。

16 单击"确定"按钮，即可设置图层样式，效果如图6-52所示。

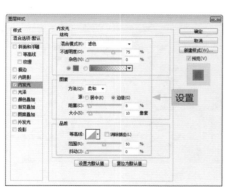

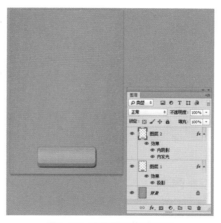

图6-51 设置"内发光"参数　　　　　　　图6-52 设置图层样式效果

6.2.2 制作开始游戏按钮文字效果

　　下面主要运用横排文字工具、"字符"面板、"投影"图层样式等，制作"开始游戏"按钮的细节效果。

01 打开"光线.psd"素材，将其拖曳至"开始游戏按钮（背景）"图像编辑窗口中的合适位置处，效果如图6-53所示。

图6-53 拖入素材图像

02 选取工具箱中的横排文字工具，确认文字插入点，如图6-54所示。

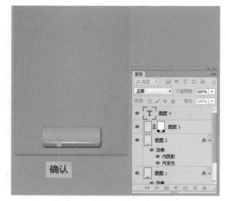

图6-54 确认文字插入点

03 单击"窗口"|"字符"命令，在弹出的"字符"面板中，设置"字体系列"为"黑体"、"字体大小"为"18点"、"字距调整"为100、"颜色"为白色，单击"仿粗体"按钮，如图6-55所示。

04 输入文本"开始游戏"，并适当调整其位置，如图6-56所示。

图6-55 设置字符属性

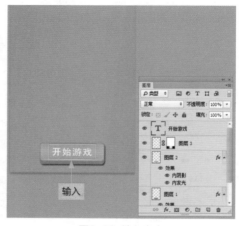

图6-56 输入文本

05 双击文本图层，在弹出的"图层样式"对话框中，选中"投影"复选框，在其中设置"距离"为2像素、"扩展"为0%、"大小"为1像素，如图6-57所示。

06 单击"确定"按钮，应用"投影"图层样式，效果如图6-58所示。

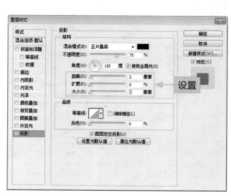

图6-57 设置"投影"参数

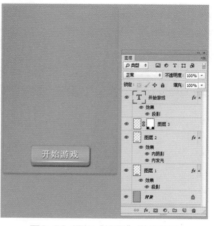

图6-58 添加"投影"样式效果

高手指引

文字是多数移动 APP UI 设计作品中不可或缺的重要元素，有时甚至在作品中起着主导作用，Photoshop CC 除了提供丰富的文字属性设计及版式编排功能外，还允许对文字的形状进行编辑，以便制作出更多、更丰富的文字效果。

07 单击"文件"|"打开"命令，打开"游戏画面.jpg"素材图像，如图6-59所示。

08 运用移动工具将其拖曳至"开始游戏按钮（背景）"图像编辑窗口中的合适位置处，效果如图6-60所示。

图6-59 打开素材图像

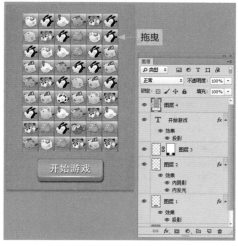

图6-60 添加素材图像

6.3　APP命令按钮设计

命令按钮是指可以响应用户手指点击的小矩形控件，可以对用户的点击作出反应并触发相应的事件，在按钮中既可以显示文字，也可以显示图形。

本实例最终效果如图6-61所示。

图6-61 实例效果

● **素材文件** | 素材\第6章\发光线.psd、按钮图形.psd

● **效果文件** | 效果\第6章\APP命令按钮.psd、APP命令按钮.jpg

● **视频文件** | 视频\第6章\6.3 APP命令按钮设计.mp4

6.3.1 制作APP命令按钮主体效果

下面主要运用"添加杂色"命令、圆角矩形工具、渐变工具、"描边"图层样式、"内发光"图层样式、"投影"图层样式等，制作APP命令按钮的主体效果。

01 单击"文件"|"新建"命令，弹出"新建"对话框，设置"名称"为"APP命令按钮"、"宽度"为8厘米、"高度"为2.5厘米、"分辨率"为300像素/英寸，如图6-62所示。

02 单击"确定"按钮，新建一幅空白图像，新建"图层1"图层，如图6-63所示。

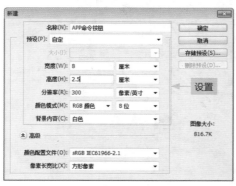

图6-62 "新建"对话框　　　　　　　　　　　图6-63 新建"图层1"图层

03 设置前景色为棕色（RGB参数值为180、116、70），如图6-64所示。

04 按【Alt + Delete】组合键，填充前景色，如图6-65所示。

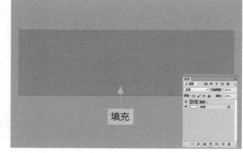

图6-64 设置前景色　　　　　　　　　　　图6-65 填充前景色

05 在菜单栏中，单击"滤镜"|"杂色"|"添加杂色"命令，如图6-66所示。

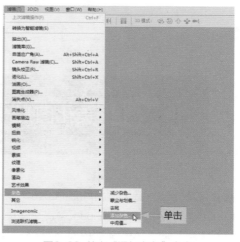

图6-66 单击"添加杂色"命令

06 弹出"添加杂色"对话框，设置"数量"为3%，如图6-67所示。

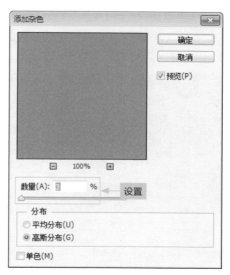

图6-67　设置相应选项

07 单击"确定"按钮，即可添加杂色，如图6-68所示。

08 在"图层"面板中，新建"图层2"图层，如图6-69所示。

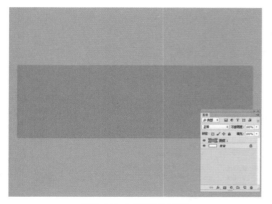

图6-68　添加杂色修改

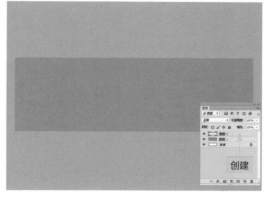

图6-69　新建"图层2"图层

09 选取圆角矩形工具，在工具属性栏中设置"选择工具模式"为"路径"、"半径"为"70像素"，绘制一个圆角矩形路径，如图6-70所示。

10 按【Ctrl＋Enter】组合键，将路径转换为选区，如图6-71所示。

图6-70　绘制圆角矩形路径

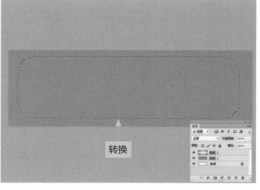

图6-71　将路径转换为选区

11 选取渐变工具，为选区填充红色（RGB参数值为237、98、120）到深红色（RGB参数值为180、40、40）再到深红色（RGB参数值为180、40、40）的线性渐变，并适当调整图像大小，效果如图6-72所示。

12 按【Ctrl+D】组合键，取消选区，如图6-73所示。

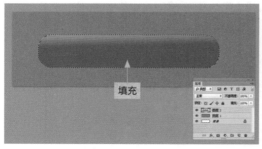

图6-72 填充线性渐变

图6-73 取消选区

高手指引

在创建选区后，为了防止错误操作而造成选区丢失，或者后面制作其他效果时还需要更改选区，用户可以先将该选区保存。单击菜单栏中的"选择"|"存储选区"命令，弹出"存储选区"对话框，设置存储选区的各选项，单击"确定"按钮后即可存储选区。

13 双击"图层2"图层，弹出"图层样式"对话框，选中"描边"复选框，设置"大小"为2像素、"颜色"为深红色（RGB参数值为177、35、33），如图6-74所示。

14 选中"内发光"复选框，在其中设置"阻塞"为15%、"大小"为5像素，如图6-75所示。

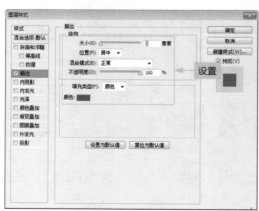

图6-74 设置"描边"参数

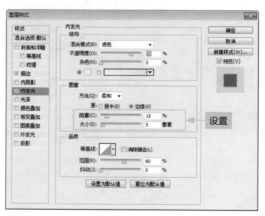

图6-75 设置"内发光"参数

15 选中"投影"复选框，在其中设置"混合模式"为"正片叠底"、"不透明度"为75%、"角度"为120度、选中"使用全局光"复选框、"距离"为0像素、"扩展"为35%、"大小"为25像素，如图6-76所示。

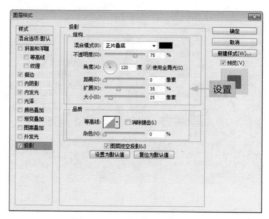

图6-76 设置"投影"参数

16 单击"确定"按钮，即可设置图层样式，效果如图6-77所示。

图6-77　设置图层样式效果

6.3.2　制作APP菜单按钮细节效果

下面主要运用套索工具、羽化选区以及添加图形素材等，制作APP命令按钮的细节效果。

01 打开"发光线.psd"素材图像，将其拖曳至"APP命令按钮"图像编辑窗口中，调整至合适位置，如图6-78所示。

02 在"图层"面板中，新建"图层4"图层，如图6-79所示。

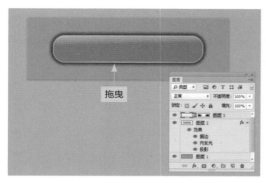

图6-78　打开并拖曳素材图像

图6-79　新建"图层4"图层

> **高手指引**
>
> 普通图层是 Photoshop CC 中最基本的图层，也是最常用到的图层之一，在创建和编辑图像时，创建的图层都是普通图层，在普通图层上可以设置图层混合模式、调节不透明度和填充，从而改变图层的显示效果。单击"图层"面板底部的"创建新图层"按钮　，即可创建普通图层。

03 选取工具箱中的套索工具，在图像上绘制相应选区，如图6-80所示。

04 单击"选择"|"修改"|"羽化"命令，弹出"羽化选区"对话框，设置"羽化半径"为3像素，如图6-81所示。

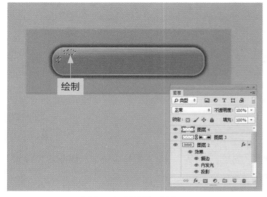

图6-80　绘制相应选区

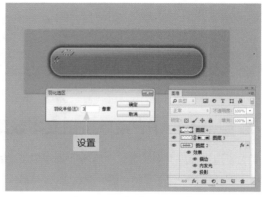

图6-81　设置"羽化半径"

05 单击"确定"按钮，羽化选区，如图6-82所示。

06 设置前景色为白色，按【Alt + Delete】组合键，填充选区，如图6-83所示。

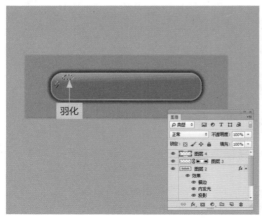

图6-82 羽化选区   图6-83 填充选区

高手指引

"羽化"命令用于对选区进行羽化，羽化是通过建立选区和选区周围像素之间的转换边界来模糊边缘的，这种模糊方式将丢失选区边缘的一些图像细节。

除了运用上述方法可以弹出"羽化选区"对话框外，还有以下两种方法。

● 快捷键：按【Shift + F6】组合键，弹出"羽化选区"对话框。

● 快捷菜单：创建好选区后，在图像编辑窗口中单击鼠标右键，在弹出的快捷菜单中选择"羽化"选项，弹出"羽化选区"对话框。

---

07 按【Ctrl + D】组合键，取消选区，如图6-84所示。

08 打开"按钮图形.psd"素材图像，将其拖曳至"软件按钮设计.psd"图像编辑窗口中，调整至合适位置，如图6-85所示。

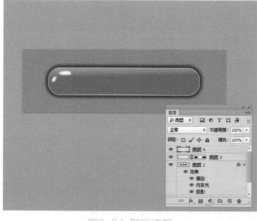

图6-84 取消选区   图6-85 打开并拖曳素材图像

6.3.3 制作APP菜单按钮文本效果

下面主要运用横排文字工具、"字符"面板以及"投影"图层样式等，制作APP命令按钮的文本效果。

01 选取工具箱中的横排文字工具，确认插入点，如图6-86所示。

02 展开"字符"面板，设置"字体系列"为"微软雅黑"、"字体大小"为16点、"字距调整"为100、"颜色"为白色，如图6-87所示。

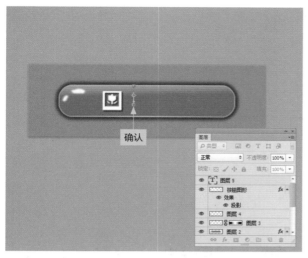

图6-86　确认插入点

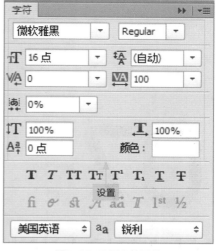

图6-87　设置字符属性

03 输入文本"美化图片"，如图6-88所示。

04 双击文本图层，在弹出的"图层样式"对话框中，选中"投影"复选框，保持默认设置即可，如图6-89所示。

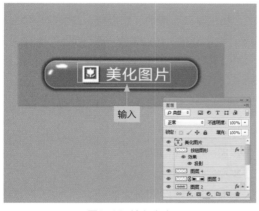

图6-88　输入文本

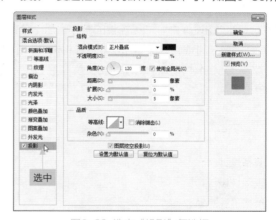

图6-89　选中"投影"复选框

05 单击"确定"按钮，即可设置文本投影样式，效果如图6-90所示。

图6-90　设置文本投影样式

第 **07** 章

设计APP UI进度条、滑块、切换条

⊙ 学前提示

在移动APP UI设计中，常见控件的制作也是十分重要的，如进度条、滑块、切换条、开关等控件在移动APP UI中是不可或缺的重要元素。本章将通过制作进度条、解锁滑块、切换条等一系列实例，为读者讲解移动APP UI设计中常用控件的制作方法。

⊙ 本章知识重点

- 进度条设计
- 解锁滑块设计
- 切换条设计

⊙ 学完本章后应该掌握的内容

- 掌握进度条的UI设计方法
- 掌握解锁滑块的UI设计方法
- 掌握切换条的UI设计方法

⊙ 视频演示

7.1 进度条设计

　　播放器中进度滑块通常是由多个基本形状组合而成，然后通过对各形状进行修饰与调整而成。本实例最终效果如图7-1所示。

图7-1 实例效果

● **素材文件**｜素材\第7章\进度条（背景）.psd、线条1.psd、进度条控制按钮.psd、进度条文字.psd
● **效果文件**｜效果\第7章\进度条.psd、进度条.jpg
● **视频文件**｜视频\第7章\7.1 进度条设计.mp4

7.1.1 制作进度条主体效果

　　下面主要运用圆角矩形工具、"描边"图层样式、"渐变叠加"图层样式、"外发光"图层样式、"收缩"命令、"描边"命令等，制作进度条的主体效果。

01 单击"文件"｜"打开"命令，打开一幅素材图像，如图7-2所示。

02 在"图层"面板中，新建"图层2"图层，如图7-3所示。

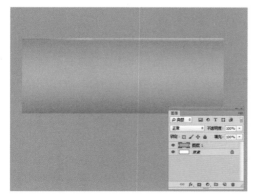

图7-2 打开素材图像

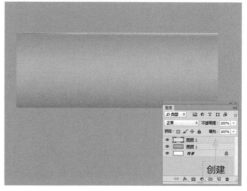

图7-3 新建"图层2"图层

03 设置前景色为白色，选取工具箱中的圆角矩形工具，绘制一个圆角矩形，如图7-4所示。

04 双击"图层2"图层，在弹出的"图层样式"对话框中选中"描边"复选框，设置"颜色"为白色，如图7-5所示。

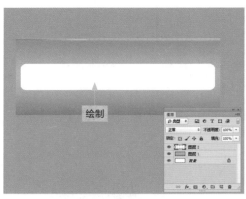

图7-4 绘制圆角矩形

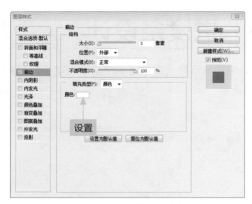

图7-5 设置"描边"参数

05 选中"渐变叠加"复选框,设置"渐变"为深蓝色(RGB参数值为102、81、122)到棕色(RGB参数值为216、178、165),如图7-6所示。

06 选中"外发光"复选框,设置"发光颜色"为白色、"扩展"为61%、"大小"为9像素,如图7-7所示。

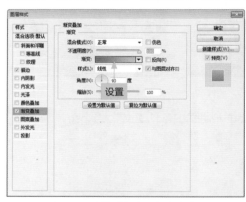

图7-6 设置"渐变叠加"参数

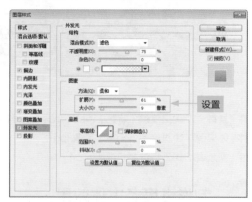

图7-7 设置"外发光"参数

07 单击"确定"按钮,添加相应的图层样式,如图7-8所示。

08 按住【Ctrl】键的同时,单击"图层2"图层的图层缩览图,调出选区,如图7-9所示。

图7-8 添加相应的图层样式

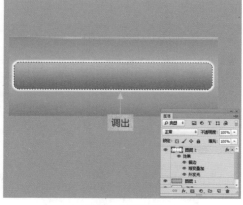

图7-9 调出选区

09 在"图层"面板中,新建"图层3"图层,如图7-10所示。

10 单击"选择"|"修改"|"收缩"命令,弹出"收缩选区"对话框,设置"收缩量"为3像素,如图7-11所示。

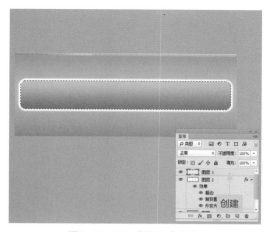

图7-10　新建"图层3"图层

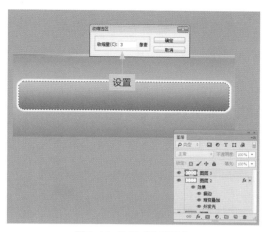

图7-11　设置"收缩量"

11 单击"确定"按钮，收缩选区，如图7-12所示。

12 单击"编辑"｜"描边"命令，弹出"描边"对话框，设置"宽度"为2像素、"颜色"为白色，如图7-13所示。

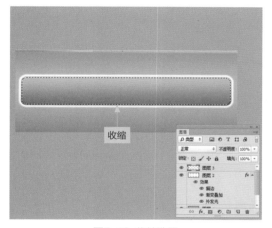

图7-12　收缩选区

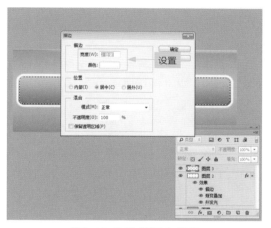

图7-13　设置"描边"选项

13 单击"确定"按钮，描边选区，如图7-14所示。

14 按【Ctrl＋D】组合键，取消选区，如图7-15所示。

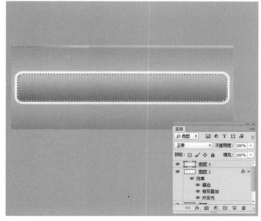

图7-14　描边选区

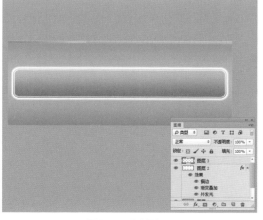

图7-15　取消选区

7.1.2 制作进度条细节效果

下面主要运用自定形状工具、变换控制框、圆角矩形工具以及添加相应的图层样式等，制作进度条的细节效果。

01 打开"线条1"素材图像，将其拖曳至"进度条（背景）"图像编辑窗口中的合适位置，如图7-16所示。

02 在"图层"面板中，新建"图层4"图层，如图7-17所示。

图7-16 添加线条素材

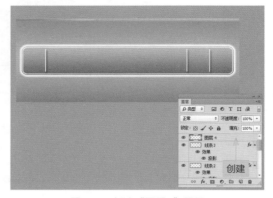

图7-17 新建"图层4"图层

03 设置前景色为白色，选取工具箱中的自定形状工具，设置"形状"为"标志3"，绘制一个三角形像素，如图7-18所示。

04 按【Ctrl＋T】组合键，调出变换控制框，在变换框内单击鼠标右键，在弹出的快捷菜单中选择"旋转90度（逆时针）"选项，如图7-19所示。

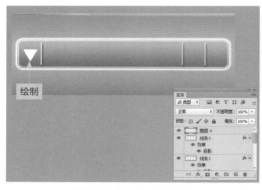

图7-18 绘制一个三角形

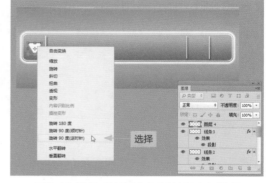

图7-19 选择"旋转90度（逆时针）"选项

05 按【Enter】键，确认变换操作，如图7-20所示。

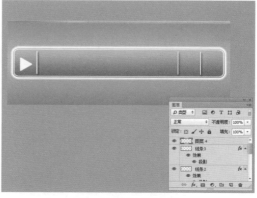

图7-20 确认变换操作

06 双击"图层4"图层,在弹出的"图层样式"对话框中选中"斜面和浮雕"复选框和"投影"复选框,如图7-21所示。

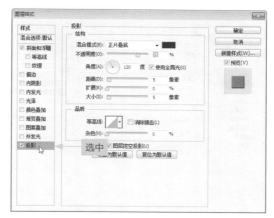

图7-21 选中相应复选框

07 单击"确定"按钮,添加相应的图层样式,如图7-22所示。

08 在"图层"面板中,新建"图层5"图层,如图7-23所示。

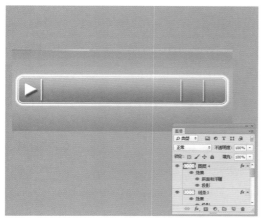

图7-22 添加相应的图层样式

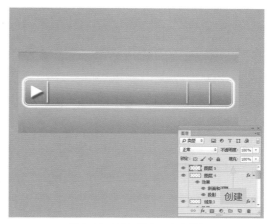

图7-23 新建"图层5"图层

09 设置前景色为紫红色(RGB参数值为229、79、228),如图7-24所示。

10 选取工具箱中的圆角矩形工具,设置"半径"为60像素,绘制一个圆角矩形像素,如图7-25所示。

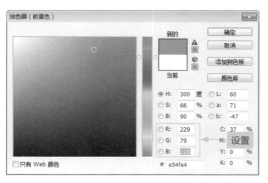

图7-24 设置前景色

图7-25 绘制一个圆角矩形

11 双击"图层5"图层,在弹出的"图层样式"对话框中选中"内阴影"复选框,设置"距离"为2像素、"大小"为5像素,如图7-26所示。

12 选中"投影"复选框,设置"距离"为0像素、"大小"为5像素,如图7-27所示。

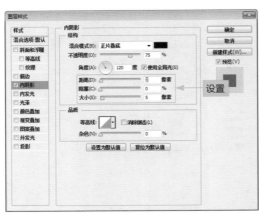

图7-26 设置"内阴影"参数　　　　　　图7-27 设置"投影"参数

13 单击"确定"按钮，添加相应的图层样式，如图7-28所示。

14 设置"图层5"图层的"不透明度"为60%，效果如图7-29所示。

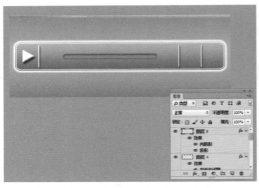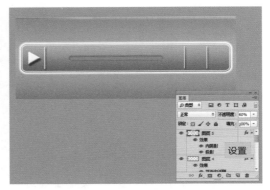

图7-28 添加相应的图层样式　　　　　　图7-29 设置图层不透明度效果

15 在"图层"面板中，新建"图层6"图层，如图7-30所示。

16 设置前景色为蓝色（RGB参数值为13、210、255），运用圆角矩形工具绘制一个"半径"为60像素的圆角矩形像素，如图7-31所示。

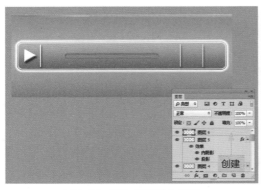

图7-30 新建"图层6"图层　　　　　　图7-31 绘制一个圆角矩形

高手指引

在 Photoshop CC 中，选取路径选择工具 和直接选择工具 ，可以对路径进行选择和移动的操作。

选取工具箱中的路径选择工具 ，移动光标至 Photoshop CC 图像编辑窗口中的路径上，单击鼠标左键，即可选择路径。

在 Photoshop CC 中提供了两种用于选择路径的工具，如果在编辑过程中要选择整条路径，则可以使用路径选择工具 ▶ ；如果只需要选择路径只需要选择路径中的某一个锚点，则可以使用直接选择工具 ▷ 。

17 双击"图层6"图层，在弹出的"图层样式"对话框中选中"斜面和浮雕"复选框，设置"软化"为9像素，如图7-32所示。

18 单击"确定"按钮，添加相应的图层样式，如图7-33所示。

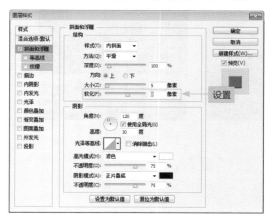

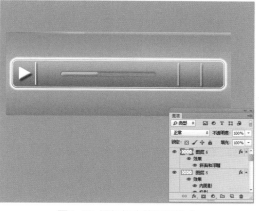

图7-32　设置"斜面和浮雕"参数　　　　　　　　图7-33　添加相应的图层样式

19 打开"进度条控制按钮"素材图像，将其拖曳至"进度条（背景）"图像编辑窗口中的合适位置，如图7-34所示。

20 打开"进度条文字"素材图像，将其拖曳至"进度条（背景）"图像编辑窗口中的合适位置，如图7-35所示。

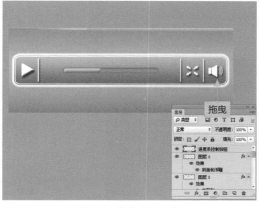

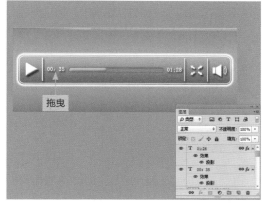

图7-34　添加按钮素材　　　　　　　　　　　图7-35　添加文字素材

选择文字是编辑文字过程中的第一步，适当地移动文字，将文字移至图像中的合适位置，可以使图像的整体更美观。在 Photoshop CC 中，用户可以根据需要，选取工具箱中的移动工具，将光标移至输入完成的文字上，单击鼠标左键并拖曳光标，移动输入完的文字至图像中的合适位置。

7.2　解锁滑块设计

　　当手机一段时间没有使用的时候，手机系统就会自动进入锁定状态，重新打开屏幕以后，用户需要拖曳滑块进行解锁才能进入手机系统。本实例最终效果如图7-36所示。

图7-36 实例效果

● **素材文件** ｜ 素材\第7章\解锁滑块（背景）.jpg

● **效果文件** ｜ 效果\第7章\解锁滑块.psd、解锁滑块.jpg

● **视频文件** ｜ 视频\第7章\7.2 解锁滑块设计.mp4

7.2.1　制作解锁滑块主体效果

　　下面主要运用圆角矩形工具、渐变工具、"内发光"图层样式等，制作解锁滑块的主体效果。

01 单击"文件"｜"打开"命令，打开一幅素材图像，如图7-37所示。

02 单击"文件"｜"打开"命令，打开"底纹.jpg"素材图像，运用移动工具将其拖曳至"解锁滑块（背景）"图像编辑窗口中的合适位置处，如图7-38所示。

图7-37 打开素材图像

图7-38 添加背景素材

03 在"图层"面板中，新建"图层2"图层，如图7-39所示。

04 选取工具箱中的圆角矩形工具，在工具属性栏中设置"选择工具模式"为"路径"、"半径"为5像素，绘制一个圆角矩形路径，如图7-40所示。

图7-39 新建"图层2"图层

图7-40 绘制圆角矩形路径

05 按【Ctrl+Enter】组合键，即可将路径转换为选区，如图7-41所示。

06 选取工具箱中的渐变工具，为选区填充黑色（RGB参数值均为0）到灰色（RGB参数值均为180）的线性渐变，如图7-42所示。

图7-41 将路径转换为选区

图7-42 填充线性渐变

07 按【Ctrl+D】组合键，取消选区，如图7-43所示。

图7-43 取消选区

135

08 双击"图层2"图层，在弹出的"图层样式"对话框中，选中"内发光"复选框，在其中设置"方法"为"精确"、"阻塞"为0%、"大小"为2像素，如图7-44所示。

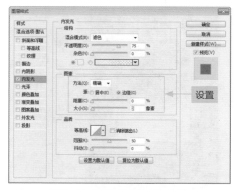

图7-44 设置"内发光"参数

09 单击"确定"按钮，即可设置图层样式，效果如图7-45所示。

10 在"图层"面板中，新建"图层3"图层，如图7-46所示。

图7-45 应用图层样式效果

图7-46 新建"图层3"图层

7.2.2 制作解锁滑块细节效果

下面主要运用圆角矩形工具、渐变工具、自定形状工具、横排文字工具、图层蒙版以及各种图层样式等，制作解锁滑块的细节效果。

01 选取工具箱中的圆角矩形工具，在工具属性栏中设置"选择工具模式"为"路径"、"半径"为8像素，绘制一个圆角矩形路径，如图7-47所示。

图7-47 绘制圆角矩形路径

02 按【Ctrl + Enter】组合键，将路径转换为选区，如图7-48所示。

图7-48　将路径转换为选区

03 选取工具箱中的渐变工具，为选区填充浅蓝色（RGB参数值为206、226、251）到蓝色（RGB参数值为15、135、218）的线性渐变，如图7-49所示。

04 按【Ctrl + D】组合键，取消选区，如图7-50所示。

图7-49　填充线性渐变

图7-50　取消选区

高手指引

图层和路径都可以转换为选区，只需按住【Ctrl】键的同时单击图层左侧的缩览图，即可得到该图层非透明区域的选区。运用路径工具创建的路径是非常光滑的，而且还可以反复调节各锚点的位置和曲线的弯曲弧度，因而常用来建立复杂和边界较为光滑的选区，可将路径转换为选区。

05 双击"图层3"图层，弹出"图层样式"对话框，选中"内阴影"复选框，取消选中"使用全局光"复选框，在其中设置"角度"为-90度、"距离"为1像素、"阻塞"为5%、"大小"为4像素，如图7-51所示。

06 选中"内发光"复选框，在其中设置"阻塞"为0%、"大小"为5像素，如图7-52所示。

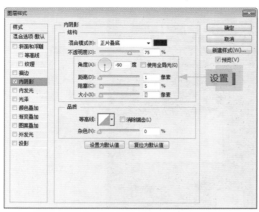

图7-51 设置"内阴影"参数

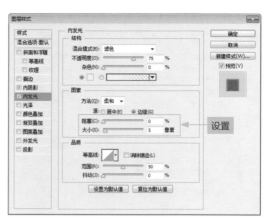

图7-52 设置"内发光"参数

07 选中"投影"复选框，在其中设置"距离"为1像素、"扩展"为0%、"大小"为5像素，如图7-53所示。

08 单击"确定"按钮，即可设置图层样式，效果如图7-54所示。

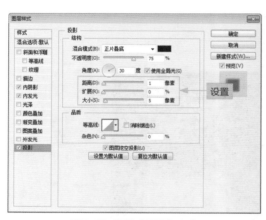

图7-53 设置"投影"参数

图7-54 设置图层样式效果

09 在"图层"面板中，新建"图层4"图层，如图7-55所示。

10 设置前景色为白色，选取工具箱中的自定形状工具，在工具属性栏中设置"选择工具模式"为"像素"，单击"形状"右侧的下拉按钮，在弹出的下拉列表框中选择"箭头9"选项，如图7-56所示。

图7-55 新建"图层4"图层

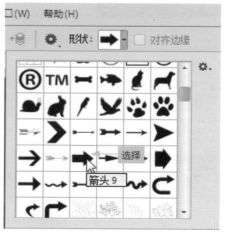

图7-56 选择"箭头9"选项

11 在图像编辑窗口中，绘制一个白色箭头图形，如图7-57所示。

12 双击"图层4"图层，在弹出的"图层样式"对话框中，选中"投影"复选框，在其中设置"距离"为2像素、"扩展"为0%、"大小"为3像素，如图7-58所示。

图7-57 绘制白色箭头图形

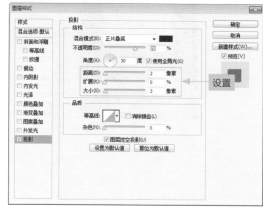

图7-58 设置"投影"参数

高手指引

在 Photoshop CC 中，使用自定形状工具 可以通过设置不同的形状来绘制形状路径或图形，在"自定形状"拾色器中有大量的特殊形状可供选择。

在 Photoshop CC 中，如果所需要的形状未显示在"形状"面板中，则可单击其右上角的设置图标按钮，在弹出的面板菜单中选择"载入形状"选项，在弹出的"载入"对话框中选择所需要载入的形状，单击"载入"按钮，即可载入所需要的形状。

13 单击"确定"按钮，即可为箭头图形添加投影样式，效果如图7-59所示。

14 选取工具箱中的横排文字工具，确认插入点，在"字符"面板中设置"字体系列"为"华文细黑"、"字体大小"为35点、"字距调整"为199、"颜色"为白色，如图7-60所示。

图7-59 添加投影样式效果

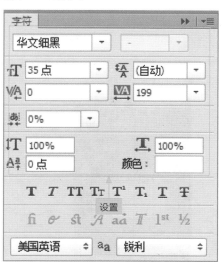

图7-60 设置字符属性

15 输入文本，并适当调整文本位置，如图7-61所示。

16 按【Ctrl＋J】组合键，拷贝文字图层，并隐藏原拷贝图层，如图7-62所示。

图7-61 输入文本

图7-62 拷贝文字图层

17 在拷贝的文字图层上，单击鼠标右键，在弹出的快捷菜单中选择"栅格化文字"选项，如图7-63所示。

18 执行操作后，即可栅格化文字图层，按住【Ctrl】键的同时，单击"移动滑块来解锁 拷贝"图层的图层缩览图，建立选区，如图7-64所示。

图7-63 选择"栅格化文字"选项

图7-64 建立选区

19 为拷贝的文字图层添加图层蒙版，如图7-65所示。

20 选中图层蒙版，选取工具箱中的渐变工具，为选区从右至左填充黑色（RGB参数值均为0）到白色（RGB参数值均为255）的线性渐变，隐藏部分图像，完成解锁滑块的设计，效果如图7-66所示。

图7-65 添加图层蒙版

图7-66 隐藏部分图像

7.3　切换条设计

切换条在移动UI中特别是手机APP中是很常见的，下面将使用Photoshop CC绘制移动APP中的切换条界面。本实例最终效果如图7-67所示。

图7-67　实例效果

- ● **素材文件** ｜素材\第7章\切换条（背景）.jpg、状态栏.psd、反光条.psd、线条2.psd
- ● **效果文件** ｜效果\第7章\切换条.psd、切换条.jpg
- ● **视频文件** ｜视频\第7章\7.3　切换条设计.mp4

7.3.1　制作切换条背景效果

下面主要运用裁剪工具、圆角矩形工具、"描边"图层样式、"内阴影"图层样式、"渐变叠加"图层样式、"投影"图层样式等，制作切换条的背景效果。

01 单击"文件"｜"打开"命令，打开一幅素材图像，如图7-68所示。

02 选取工具箱中的裁剪工具，调出裁剪控制框，如图7-69所示。

图7-68　打开素材图像

图7-69　调出裁剪控制框

03 在工具属性栏中设置裁剪控制框的长宽比为1280∶800，如图7-70所示。

04 执行操作后，即可调整裁剪控制框的长宽比，将鼠标指针移至裁剪控制框内，单击鼠标左键的同时并拖曳图像至合适位置，如图7-71所示。

图7-70 设置裁剪控制框的长宽比 　　　　　　图7-71 调整裁剪区域

高手指引

在设计移动 APP UI 时，当图像扫描到计算机中，经常会遇到图像中多出一些不需要的部分，这时就需要对图像进行裁剪操作。在 Photoshop CC 中，裁剪工具是应用非常灵活的截取图像的工具，灵活运用裁剪工具可以突出主体图像。裁剪工具的工具属性栏各选项主要含义如下。

● 无约束：用来输入图像裁剪比例，裁剪后图像的尺寸由输入的数值决定，与裁剪区域的大小没有关系。

● 拉直：通过其绘制线段拉直图像。

● 视图：设置裁剪工具视图选项。

● 删除裁切像素：确定裁剪框以外透明度像素数据是保留还是删除。

05 执行上述操作后，按【Enter】键确认裁剪操作，即可按固定的长宽比来裁剪图像，效果如图7-72所示。

06 打开"状态栏.psd"素材图像，将其拖曳至"切换条（背景）"图像编辑窗口中的合适位置，如图7-73所示。

图7-72 裁剪图像 　　　　　　　　　　图7-73 添加状态栏素材

07 选取工具箱中的圆角矩形工具，在工具属性栏中设置"选择工具模式"为"形状"、"填充"为黑色、"描边"为无、"半径"为8像素，绘制一个圆角矩形形状，如图7-74所示。

图7-74 绘制圆角矩形形状

08 设置"圆角矩形 1"图层的"不透明度"为70%，效果如图7-75所示。

图7-75 设置图层不透明度效果

09 双击"圆角矩形 1"图层，在弹出的"图层样式"对话框中，选中"描边"复选框，在其中设置"大小"为2像素、"颜色"为黑色，如图7-76所示。

10 选中"内阴影"复选框，取消选中"使用全局光"复选框，在其中设置"混合模式"为"正常"、"阴影颜色"为白色、"不透明度"为15%、"角度"为90度、"距离"为5像素、"阻塞"为0%、"大小"为0像素，如图7-77所示。

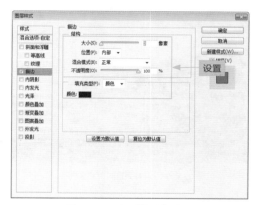

图7-76 设置"描边"参数

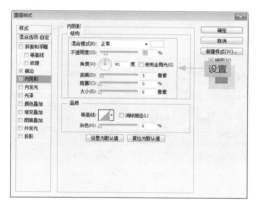

图7-77 设置"内阴影"参数

高手指引

创建图层样式后，可以将其转换为普通图层，并且不会影响图像整体效果。单击"图层"|"图层样式"|"创建图层"命令，或者在图层样式上单击鼠标右键，在弹出的快捷菜单中，选择"创建图层"选项，弹出信息提示框，单击"确定"按钮，即可将图层样式转换为普通图层。

11 选中"渐变叠加"复选框，并设置相应的参数，如图7-78所示。

图7-78 设置"渐变叠加"参数

12 选中"投影"复选框，并设置相应的参数，如图7-79所示。

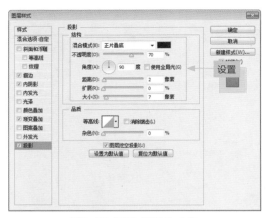

图7-79 设置"投影"参数

13 单击"确定"按钮，即可为图形添加相应的图层样式，效果如图7-80所示。

14 打开"反光条.psd"素材图像，将其拖曳至"切换条（背景）"图像编辑窗口中的合适位置，如图7-81所示。

图7-80 添加图层样式效果

图7-81 添加反光条素材

7.3.2 制作切换条细节效果

下面主要运用自定形状工具、"投影"图层样式、变换控制框以及添加素材图形等，制作切换条的细节效果。

01 设置前景色为白色，选取工具箱中的自定形状工具，设置"形状"为"箭头2"，绘制一个箭头形状，如图7-82所示。

02 双击"形状 1"图层，在弹出的"图层样式"对话框中，选中"投影"复选框，在其中设置相应的参数，如图7-83所示。

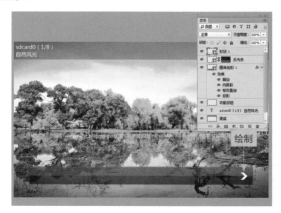

图7-82 绘制箭头形状

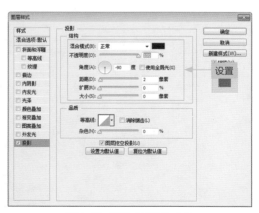

图7-83 设置"投影"参数

03 单击"确定"按钮，即可添加"投影"图层样式，效果如图7-84所示。

04 复制"形状 1"图层，得到"形状 1 拷贝"图层，如图7-85所示。

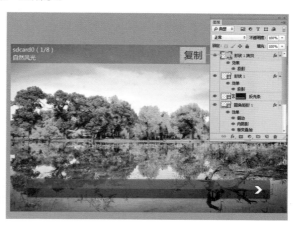

图7-84 添加"投影"图层样式

图7-85 复制图层

高手指引

隐藏图层样式后，可以暂时将图层样式进行清除，也可以重新显示，而删除图层样式，则是将图层中的图层样式进行彻底清除，无法还原。

隐藏图层样式可以执行以下 3 种操作方法：

● 在"图层"面板中单击图层样式名称"切换所有图层效果可见性"图标，可将显示的图层样式进行隐藏。

● 在任意一个图层样式名称上单击鼠标右键，在弹出的菜单列表中选择"隐藏所有效果"选项即可隐藏当前图层样式效果。

● 在"图层"面板中，单击所有图层样式上方"效果"左侧的眼睛图标，即可隐藏所有图层样式效果。

05 按【Ctrl＋T】组合键，调出变换控制框，在变换框内单击鼠标右键，在弹出的快捷菜单中选择"旋转180度"选项，如图7-86所示。

06 执行操作后，即可旋转图像，如图7-87所示。

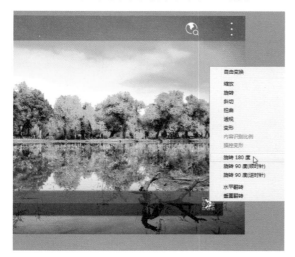

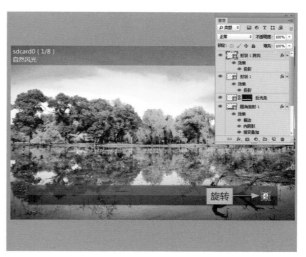

图7-86 选择"旋转180度"选项

图7-87 旋转图像

07 按【Enter】键，确认变换操作，并调整图像至合适位置，如图7-88所示。

08 打开"线条2.psd"素材图像，将其拖曳至"切换条（背景）"图像编辑窗口中的合适位置，如图7-89所示。

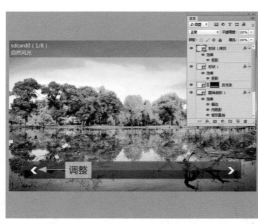

图7-88 调整图像位置

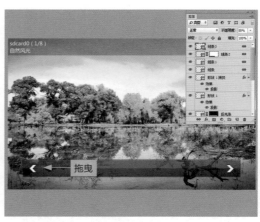

图7-89 添加线条素材

第 **08** 章

设计APP UI功能框

❂ 学前提示

APP应用程序的界面都是由多个不同的基本元素组成的，它们通过外形上的组合、色彩的搭配、材质和风格的统一，经过合理的布局来构成一个完整的界面效果。其中，功能框就是最常用的基本元素。本章将通过制作会话框、搜索框、对话框等一系列实例，为读者讲解移动APP UI设计中常用功能框的制作方法。

❂ 本章知识重点

- 会话框设计
- 搜索框设计
- 对话框设计

❂ 学完本章后应该掌握的内容

- 掌握会话框的界面设计方法
- 掌握搜索框的界面设计方法
- 掌握对话框的界面设计方法

❂ 视频演示

8.1 会话框设计

在微信、手机QQ等社交聊天类APP中，会话框是一种十分常见的基本元素。在当今信息移动化的今天，移动设备中的会话界面越来越新颖和富有生活情趣。

下面将使用Photoshop CC绘制移动APP UI中的会话框，本实例最终效果如图8-1所示。

图8-1 实例效果

- **素材文件** | 素材\第8章\会话框（背景）.jpg
- **效果文件** | 效果\第8章\会话框.psd、会话框.jpg
- **视频文件** | 视频\第8章\8.1 会话框设计.mp4

8.1.1 制作会话框头像效果

下面主要运用变换控制框、矩形选框工具、"反向"命令等，制作会话框的头像效果。

01 单击"文件"|"打开"命令，打开一幅素材图像，如图8-2所示。

02 打开"头像.jpg"素材图像，将其拖曳至"会话框（背景）"图像编辑窗口中的合适位置，如图8-3所示。

图8-2 打开素材图像　　　　　　　图8-3 添加头像素材

高手指引

在设计APP界面时，经常会用到JPEG格式的素材。JPEG是Joint Photographic Experts Group（联合图像专家小组）的缩写，是第一个国际图像压缩标准。JPEG图像格式的主要特点是采用高压缩率、有损压缩真彩色，但在压缩文件时可以通过控制压缩范围来决定图像的最终质量。

03 按【Ctrl + T】组合键，调出变换控制框，如图8-4所示。

04 适当调整图像的大小和位置，按【Enter】键确认变换操作，效果如图8-5所示。

图8-4　调出变换控制框　　　　　　　　　　　图8-5　调整图像的大小和位置

05 运用矩形选框工具，在上面的头像上创建一个相应大小的矩形选区，如图8-6所示。

06 移动矩形选区至合适位置处，如图8-7所示。

图8-6　创建矩形选区　　　　　　　　　　　　图8-7　移动矩形选区

07 单击"选择"|"反选"命令，反选选区，如图8-8所示。

08 按【Delete】键，删除选区内的图像，并取消选区，如图8-9所示。

图8-8 反选选区

图8-9 删除部分图像

8.1.2 制作会话框主体效果

下面主要运用圆角矩形工具、多边形套索工具、"描边"图层样式、横排文字工具、"字符"面板等，制作会话框的主体效果。

01 在"图层"面板中，新建"图层2"图层，如图8-10所示。

02 选取工具箱中的圆角矩形工具，在工具属性栏中设置"选择工具模式"为"路径"、"半径"为8像素，绘制一个圆角矩形路径，如图8-11所示。

图8-10 新建"图层2"图层

图8-11 绘制圆角矩形路径

03 按【Ctrl+Enter】组合键，即可将路径转换为选区，如图8-12所示。

04 选区工具箱中的多边形套索工具，在工具属性栏中单击"添加到选区"按钮，如图8-13所示。

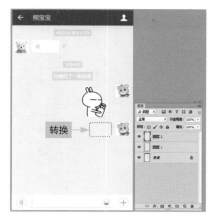

图8-12 将路径转换为选区

图8-13 单击"添加到选区"按钮

05 在选区右侧绘制一个多边形选区，改变选区形状，如图8-14所示。

06 设置前景色为绿色（RGB参数值分别为178、232、102），如图8-15所示。

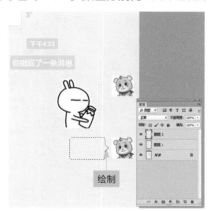

图8-14 改变选区形状

图8-15 设置前景色

07 按【Alt＋Delete】组合键，为选区填充前景色，如图8-16所示。

图8-16 为选区填充前景色

151

08 按【Ctrl+D】组合键，取消选区，如图8-17所示。

图8-17 取消选区

高手指引

图层和路径都可以转换为选区，只需按住【Ctrl】键的同时单击图层左侧的缩览图，即可得到该图层非透明区域的选区。运用路径工具创建的路径是非常光滑的，而且还可以反复调节各锚点的位置和曲线的弯曲弧度，因而常用来建立复杂和边界较为光滑的选区，可将路径转换为选区。

09 双击"图层2"图层，在弹出的"图层样式"对话框中，选中"描边"复选框，在其中设置"大小"为1像素、"颜色"为深绿色（RGB参数值分别为98、158、18），如图8-18所示。

10 单击"确定"按钮，应用"描边"图层样式，效果如图8-19所示。

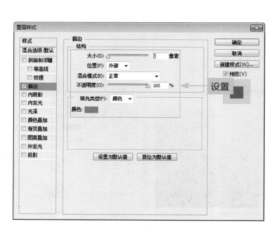

图8-18 设置"描边"参数

图8-19 应用"描边"图层样式

11 选取工具箱中的横排文字工具，在图像编辑窗口中确认文字插入点，如图8-20所示。

图8-20 确认文字插入点

12 展开"字符"面板，设置"字体系列"为"Adobe 黑体 Std"、"字体大小"为25点、"颜色"为黑色，如图8-21所示。

13 在会话框中输入相应文字，并适当调整其位置，效果如图8-22所示。

图8-21 设置字符属性

图8-22 输入相应文字

8.2 搜索框设计

在很多智能手机系统的主页面上，会有一个智能搜索框插件，用户可以通过这个搜索框进行本地搜索和网络搜索，如网络音乐、视频、地图以及商城中的APP等各种资源。

本实例最终效果如图8-23所示。

图8-23 实例效果

● **素材文件** | 素材\第8章\搜索框（背景）.jpg、二维码.psd

● **效果文件** | 效果\第8章\搜索框.psd、搜索框.jpg

● **视频文件** | 视频\第8章\8.2 搜索框设计.mp4

8.2.1 制作搜索框主体效果

下面主要运用圆角矩形工具、"内发光"图层样式、"投影"图层样式等，制作搜索框的主体效果。

01 单击"文件" | "打开"命令，打开一幅素材图像，如图8-24所示。

02 在"图层"面板中，新建"图层1"图层，如图8-25所示。

图8-24　打开素材图像

图8-25　新建"图层1"图层

03 设置前景色为白色，选取工具箱中的圆角矩形工具，在工具属性栏中设置"选择工具模式"为"像素"、"半径"为5像素，绘制一个圆角矩形，如图8-26所示。

04 双击"图层1"图层，弹出"图层样式"对话框，选中"内发光"复选框，在其中设置"不透明度"为50%、"阻塞"为0%、"大小"为4像素，如图8-27所示。

图8-26　绘制圆角矩形

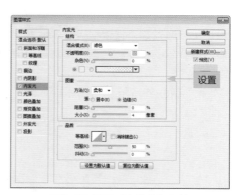

图8-27　设置"内发光"参数

05 选中"投影"复选框，在其中设置"角度"为120度、选中"使用全局光"复选框、"距离"为0像素、"扩展"为0%、"大小"为6像素，如图8-28所示。

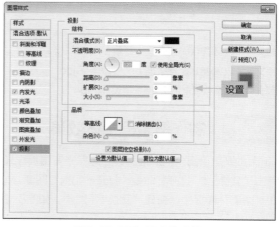

图8-28　设置"投影"参数

第1篇　UI设计入门

第2篇　APP UI进阶

第3篇　APP综合实战

06 单击"确定"按钮，即可设置图层样式，并设置图层"不透明度"为75%，效果如图8-29所示。

图8-29 设置图层样式效果

8.2.2 制作搜索框细节效果

下面主要运用自定形状工具、"投影"图层样式、"外发光"图层样式等，制作搜索框的细节效果。

01 在"图层"面板中，新建"图层2"图层，如图8-30所示。

02 选取工具箱中的自定形状工具，在工具属性栏中设置"选择工具模式"为"路径"，在"形状"下拉列表框中选择"搜索"选项，如图8-31所示。

图8-30 新建"图层2"图层

图8-31 选择"搜索"选项

03 按住【Alt】键的同时，在圆角矩形上绘制一个搜索图形路径，如图8-32所示。

图8-32 绘制搜索图形路径

04 按【Ctrl + Enter】组合键，将路径转换为选区，如图8-33所示。

图8-33 将路径转换为选区

05 按【Alt + Delete】组合键，填充选区为白色，如图8-34所示。

06 按【Ctrl + D】组合键，取消选区，如图8-35所示。

图8-34 填充选区

图8-35 取消选区

07 双击"图层2"图层，在弹出的"图层样式"对话框中，选中"投影"复选框，在其中设置"距离"为0像素、"扩展"为0%、"大小"为3像素，如图8-36所示。

08 单击"确定"按钮，即可设置图层样式，并调整搜索图形至合适位置，如图8-37所示。

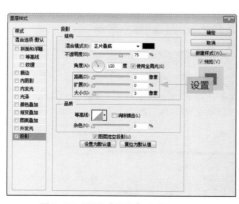

图8-36 设置"投影"参数

图8-37 应用图层样式效果

09 打开"二维码.psd"素材图像，将其拖曳至"搜索框（背景）"图像编辑窗口中的合适位置，如图8-38所示。

10 双击"图层3"图层，在弹出的"图层样式"对话框中，选中"外发光"复选框，在其中设置"扩展"为0%、"大小"为1像素，如图8-39所示。

图8-38　添加二维码

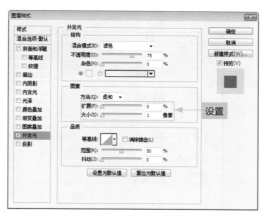

图8-39　设置"外发光"参数

11 选中"投影"复选框，在其中设置"距离"为0像素、"扩展"为0%、"大小"为1像素，如图8-40所示。

12 单击"确定"按钮，即可设置图层样式，效果如图8-41所示。

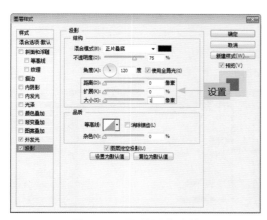

图8-40　设置"投影"参数

图8-41　设置图层样式效果

8.3　对话框设计

　　对话框可分为3个部分：框体、选项头和选项主体。为了让简易的对话框能够更具有吸引力，本实例为选项头设置了绿色到浅蓝色的线性渐变。

　　本实例最终效果如图8-42所示。

图8-42 实例效果

- **素材文件** | 素材\第8章\对话框（背景）.jpg、线条.psd、图标.psd
- **效果文件** | 效果\第8章\对话框.psd、对话框.jpg
- **视频文件** | 视频\第8章\8.3 对话框设计.mp4

8.3.1 制作对话框主体效果

下面主要运用圆角矩形工具、矩形工具、"描边"图层样式、"投影"图层样式、"渐变叠加"图层样式、剪贴蒙版等，制作对话框的主体效果。

01 单击"文件"|"打开"命令，打开一幅素材图像，如图8-43所示。

02 展开"图层"面板，新建"图层1"图层，如图8-44所示。

图8-43 打开素材图像

图8-44 新建"图层1"图层

03 设置前景色为黑色，按【Alt + Delete】组合键，为"图层1"图层填充前景色，如图8-45所示。

04 设置"图层1"图层的"不透明度"为50%，效果如图8-46所示。

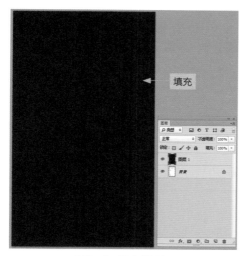

图8-45　填充前景色　　　　　　　　　　　　图8-46　设置图层不透明度

05 在"图层"面板中，新建"图层2"图层，如图8-47所示。

06 选取工具箱中的圆角矩形工具，在工具属性栏中设置"选择工具模式"为"像素"、"半径"为"10像素"，在编辑区中绘制一个白色圆角矩形，按【Ctrl＋T】组合键，调出变换控制框，调整矩形大小和位置，按【Enter】键确认，如图8-48所示。

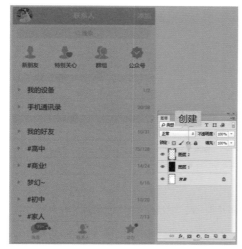

图8-47　新建"图层2"图层　　　　　　　　　　图8-48　绘制白色圆角矩形

07 双击"图层2"图层，在弹出的"图层样式"对话框中，选中"描边"复选框，在其中设置"大小"为3像素、"位置"为"外部"、"不透明度"为100%、"颜色"为白色，如图8-49所示。

图8-49　设置"描边"参数

08 选中"投影"复选框，在其中设置"混合模式"为"正片叠底"、"阴影颜色"为蓝色（RGB参数值为52、162、187）、"不透明度"为75%、"角度"为30度、"距离"为0像素、"扩展"为50%、"大小"为20像素，如图8-50所示。

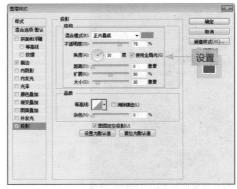

图8-50 设置"投影"参数

09 单击"确定"按钮，即可设置图层样式，效果如图8-51所示。

10 新建"图层3"图层，选取工具箱中的矩形工具，在编辑区中绘制一个蓝色（RGB参数值为82、167、221）矩形像素图形，如图8-52所示。

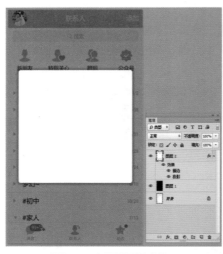

图8-51 应用图层样式效果

图8-52 绘制矩形

11 双击"图层3"图层，选中"描边"复选框，在其中设置"大小"为2像素、"位置"为"内部"、"颜色"为蓝色（RGB参数值为0、156、255），如图8-53所示。

12 选中"渐变叠加"复选框，在其中设置"混合模式"为"正常"、"不透明度"为100%、"渐变"颜色为蓝色（RGB参数值为82、167、221）到蓝色（RGB参数值为52、162、187）再到浅蓝色（RGB参数值为81、229、255）、"样式"为"线性"、"角度"为90度、"缩放"为100%，如图8-54所示。

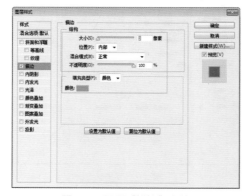

图8-53 设置"描边"参数

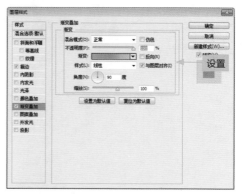

图8-54 设置"渐变叠加"参数

13 选中"投影"复选框，在右侧设置"距离"为2像素、"大小"为2像素，如图8-55所示。

14 单击"确定"按钮，即可设置图层样式，效果如图8-56所示。

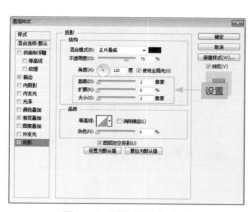

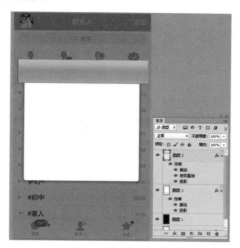

图8-55 设置"投影"参数　　　　　　　　　　图8-56 应用图层样式效果

15 选中"图层3"图层，单击"图层"|"创建剪贴蒙版"命令，创建图层剪贴蒙版，选取工具箱中的移动工具，移动"图层3"图层中的图像至合适位置，如图8-57所示。

16 打开"线条.psd"素材图像，运用移动工具将其拖曳至"对话框（背景）"图像编辑窗口中的合适位置处，效果如图8-58所示。

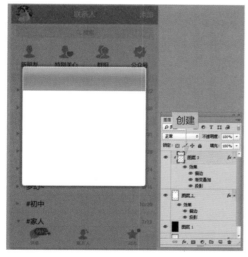

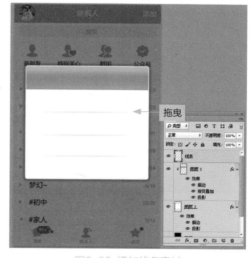

图8-57 创建图层剪贴蒙版效果　　　　　　　　图8-58 添加线条素材

8.3.2　制作对话框文字效果

　　下面主要运用横排文字工具、"字符"面板、"投影"图层样式等，制作对话框的文字效果。

01 打开"图标.psd"素材图像，运用移动工具将其拖曳至"对话框（背景）"图像编辑窗口中的合适位置处，效果如图8-59所示。

02 选取工具箱中的横排文字工具，单击"窗口"|"字符"命令，展开"字符"面板，设置"字体系列"为"微软雅黑"、"字体大小"为"60点"、"字距调整"为200、"颜色"为白色，单击"仿粗体"按钮，如图8-60所示。

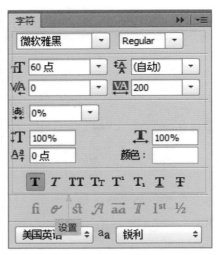

图8-59 拖入图标素材 图8-60 设置字符参数

03 在图像编辑窗口中，输入相应的文本，如图8-61所示。

04 双击文本图层，在弹出的"图层样式"对话框中，选中"投影"复选框，设置"混合模式"为"正片叠底"、"不透明度"为75%、"距离"为1像素、"大小"为1像素，如如图8-62所示。

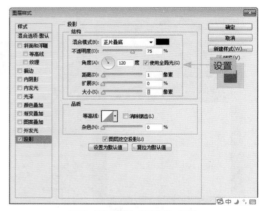

图8-61 输入相应的文本 图8-62 设置"投影"参数

05 单击"确定"按钮，即可为文本图层添加"投影"图层样式，效果如图8-63所示。

图8-63 为文本添加投影效果

06 复制文本图层，将文本调整至合适位置，修改文本内容，如图8-64所示。

图8-64　修改文本

07 隐藏图层样式效果，并调整文本大小和颜色，如图8-65所示。

08 用与上同样的方法添加其他的文本，并适当调整文本大小，效果如图8-66所示。

图8-65　调整文本属性

图8-66　添加其他文本

第 09 章

设计APP UI导航、标签、列表

❀ 学前提示

导航和通知列表作为一个单一的连续元素可以通过垂直或者水平排列的方式显示多行条目。在移动APP的界面设计中，导航、标签和列表通常用于数据、信息的展示与选择。本章将通过制作标签栏、导航栏、屏幕待机列表等一系列实例，为读者讲解移动APP UI设计中常用导航、标签和列表的制作方法。

❀ 本章知识重点

- 标签栏设计
- 导航栏设计
- 屏幕待机列表设计

❀ 学完本章后应该掌握的内容

- 掌握APP标签栏的界面设计方法
- 掌握APP导航栏的界面设计方法
- 掌握手机屏幕待机列表的界面设计方法

❀ 视频演示

9.1　标签栏设计

在一个移动设备的APP中，标签栏能够实现在不同的界面或者功能之间的切换操作，以及浏览不同类别的数据，可以更加规范和系统地展示界面中的信息。本实例最终效果如图9-1所示。

高手指引

在不同的 APP 中，标签栏的内容也是可以根据其平台和使用环境进行更改的，例如，有些 APP 的标签栏是固定不变的，有些 APP 的标签栏则是可以左右滑动的。
● 固定的标签栏：比较适合用于快速相互切换的标签，但由于 APP 的宽度有限，因此其标签个数也通常受到一定的限制。
● 滑动的标签栏：这种类型的标签栏通常用于显示标签的子集，能够容纳更多的标签个数，非常适合手机触摸屏操作的浏览环境。

图9-1　实例效果

● **素材文件**│素材\第9章\标签栏（背景）.jpg
● **效果文件**│效果\第9章\标签栏.psd、标签栏.jpg
● **视频文件**│视频\第9章\9.1 标签栏设计.mp4

9.1.1　制作标签栏背景效果

下面主要运用矩形选框工具、直线工具、"外发光"图层样式、图层蒙版、渐变工具等，制作标签栏的背景效果。

01 单击"文件"│"打开"命令，打开一幅素材图像，如图9-2所示。

02 在"图层"面板中，新建"图层1"图层，如图9-3所示。

图9-2　打开素材图像

图9-3　新建"图层1"图层

03 选取工具箱中的矩形选框工具，在图像上方的白色区域创建一个矩形选区，如图9-4所示。

04 设置前景色为红色（RGB参数值分别为212、61、61），如图9-5所示。

图9-4 创建矩形选区

图9-5 设置前景色

高手指引

在 Photoshop CC 中，选取工具箱中的单行选框工具，可以在图像编辑窗口中创建 1 个像素宽的横线选区，单行选区工具可以将创建的选区定义为 1 个像素宽的行，从而得到单行 1 个像素的选区。

05 按【Alt＋Delete】组合键，为选区填充前景色，如图9-6所示。

06 按【Ctrl＋D】组合键，取消选区，如图9-7所示。

图9-6 填充前景色

图9-7 取消选区

07 在"图层"面板中，新建"图层2"图层，如图9-8所示。

图9-8 新建"图层2"图层

08 选取工具箱中的直线工具，在工具属性栏中设置"选择工具模式"为"像素"，在图像上绘制一条竖直的黑色直线，如图9-9所示。

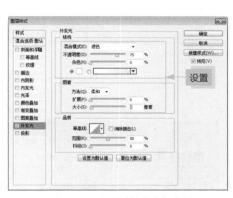

图9-9　绘制黑色直线

09 双击"图层2"图层，在弹出的"图层样式"对话框中，选中"外发光"复选框，在其中设置"发光颜色"为白色、"大小"为3像素，如图9-10所示。

10 单击"确定"按钮，即可设置图层样式，效果如图9-11所示。

图9-10　设置"外发光"参数　　　　　　图9-11　设置图层样式效果

11 为"图层2"图层添加图层蒙版，如图9-12所示。

12 选取工具箱中的渐变工具，为填充蒙版填充黑色到白色再到黑色的线性渐变，效果如图9-13所示。

图9-12　添加图层蒙版　　　　　　　　图9-13　填充线性渐变

9.1.2 制作标签栏文本效果

下面主要运用自定形状工具、"投影"图层样式、"外发光"图层样式等，制作搜索框的细节效果。

01 选取工具箱中的横排文字工具，在"字符"面板中设置"字体系列"为"微软雅黑"、"字体大小"为36点、"颜色"为浅红色（RGB参数值分别为242、195、195），如图9-14所示。

02 在图像编辑窗口中输入相应文本，如图9-15所示。

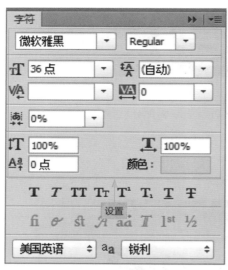

图9-14 设置字符属性　　　　　　图9-15 输入相应文本

03 运用横排文字工具选择"图片"文字，如图9-16所示。

04 在"字符"面板中，设置"颜色"为白色，如图9-17所示。

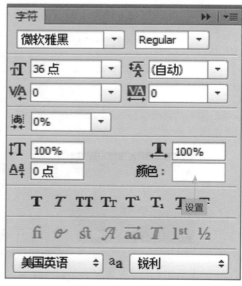

图9-16 选择"图片"文字　　　　　　图9-17 设置字符颜色

05 执行操作后，即可改变文本颜色，效果如图9-18所示。

06 运用横排文字工具在图像中确认文本插入点，如图9-19所示。

图9-18 改变文本颜色

图9-19 确认文本插入点

07 在"字符"面板中，设置"字体系列"为"微软雅黑"、"字体大小"为72点、"颜色"为白色，如图9-20所示。

08 在图像编辑窗口中输入相应符号，效果如图9-21所示。

图9-20 设置字符属性

图9-21 输入相应符号

9.2　导航栏设计

在移动APP中，导航栏一般位于最下方，通常是一排水平导航按钮，它起着链接各个页面的作用。

本实例最终效果如图9-22所示。

图9-22 实例效果

● **素材文件** | 素材\第9章\导航栏（背景）.jpg、图标.psd

● **效果文件** | 效果\第9章\导航栏.psd、导航栏.jpg

● **视频文件** | 视频\第9章\9.2 导航栏设计.mp4

9.2.1 制作导航栏背景效果

下面主要运用矩形工具、添加"内阴影"图层样式以及新建图层等操作，制作导航栏的背景效果。

01 单击"文件"|"打开"命令，打开一幅素材图像，如图9-23所示。

02 展开"图层"面板，新建"图层1"图层，如图9-24所示。

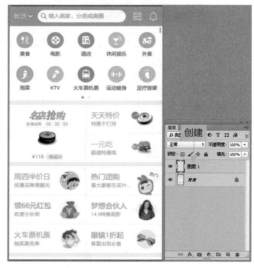

图9-23 打开素材图像　　　　　　　　　　　　　图9-24 新建"图层1"图层

03 选取工具箱中的矩形工具，在工具属性栏中设置"选择工具模式"为"像素"，绘制一个灰色（RGB参数值均为245）的矩形图形，如图9-25所示。

04 双击"图层1"图层，在弹出的"图层样式"对话框中，选中"内阴影"复选框，在其中设置"阴影颜色"为灰色（RGB参数值均为179）、"距离"为1像素、"大小"为1像素，如图9-26所示。

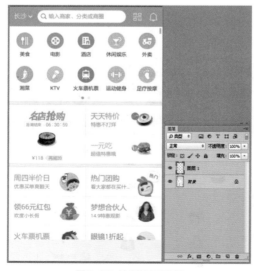
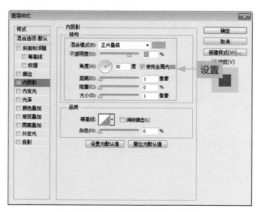

图9-25 绘制矩形图形　　　　　　　　　　　　　图9-26 设置"内阴影"参数

05 单击"确定"按钮，即可添加图层样式，效果如图9-27所示。

06 在"图层"面板中，新建"图层2"图层，如图9-28所示。

图9-27　添加图层样式　　　　　　　　　图9-28　新建"图层2"图层

9.2.2　制作导航栏图标效果

下面主要运用矩形选框工具、"描边"命令、直线工具、自定形状工具等，制作导航栏的图标效果。

01 运用矩形选框工具在图像下方创建一个矩形选区，如图9-29所示。

02 单击"编辑"|"描边"命令，如图9-30所示。

图9-29　创建矩形选区　　　　　　　　　图9-30　单击"描边"命令

03 执行操作后，弹出"描边"对话框，设置"宽度"为1像素、"颜色"为黑色，如图9-31所示。

图9-31　"描边"对话框

04 单击"确定"按钮，即可为选区描边，如图9-32所示。

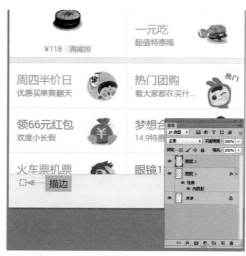

高手指引

用户创建选区后，可以运用"描边"命令为选区添加不同颜色和宽度的边框，为图像增添不同的视觉效果。除了运用上述命令可以弹出"描边"对话框外，选取工具箱中的矩形选框工具，移动光标至选区中，单击鼠标右键，在弹出的快捷菜单中选择"描边"选项，也可以弹出"描边"对话框。

图9-32 为选区描边

05 按【Ctrl+D】组合键，取消选区，如图9-33所示。

06 复制3个矩形框图像，并适当调整其位置，如图9-34所示。

图9-33 取消选区

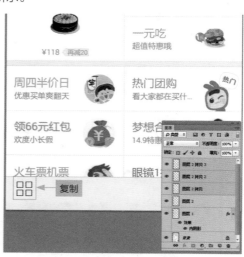

图9-34 复制并调整图像

07 在"图层"面板中新建"图层3"图层，如图9-35所示。

图9-35 新建"图层3"图层

08 选取工具箱中的直线工具，在工具属性栏中设置"选择工具模式"为"像素"、"粗细"为1像素，绘制一条直线段，如图9-36所示。

图9-36 绘制直线

09 复制2个直线图像，并适当调整其位置，如图9-37所示。
10 在"图层"面板中新建"图层4"图层，如图9-38所示。

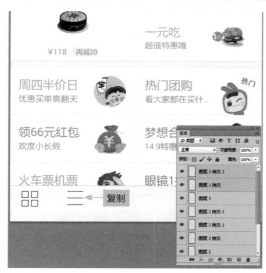

图9-37 复制直线图像

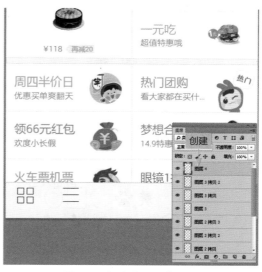

图9-38 新建"图层4"图层

11 选取工具箱中的自定形状工具，在工具属性栏中设置"选择工具模式"为"像素"，单击"形状"右侧的下拉按钮，在弹出的下拉列表框中选择"全球互联网搜索"选项，如图9-39所示。

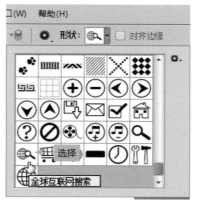

图9-39 选择"全球互联网搜索"选项

12 在图像窗口中绘制一个黑色的自定形状，效果如图
9-40所示。

图9-40　绘制自定形状

13 选取自定形状工具，在工具属性栏中设置"选择工具模式"为"路径"，单击"形状"右侧的下拉按钮，在弹出的下拉列表框中选择"红心形卡"选项，如图9-41所示。

14 新建"图层5"图层，在图像窗口中绘制一个心形路径，效果如图9-42所示。

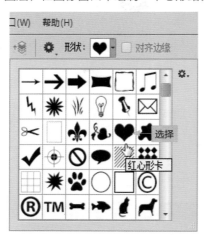

图9-41　选择"红心形卡"选项

图9-42　绘制心形路径

15 按【Ctrl＋Enter】组合键，将路径转换为选区，如图9-43所示。

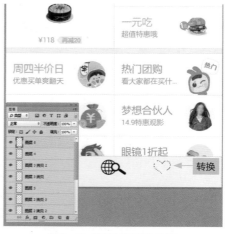

图9-43　将路径转换为选区

16 单击"编辑"|"描边"命令，弹出"描边"对话框，设置"宽度"为1像素、"颜色"为红色，如图9-44所示。

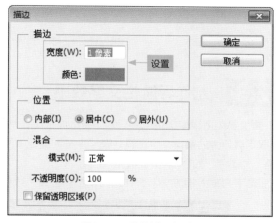

图9-44 "描边"对话框

高手指引

"描边"对话框中主要选项的含义如下：

● 宽度：设置该文本框中数值可确定描边线条的宽度，数值越大线条越宽。

● 颜色：单击颜色块，可在弹出的"拾色器"对话框中选择一种合适的颜色。

● 位置：选择各个单选按钮，可以设置描边线条相对于选区的位置。

● 保留透明区域：如果当前描边的选区范围内存在透明区域，则选择该选项后，将不对透明区域进行描边。

17 单击"确定"按钮，为选区描边，如图9-45所示。

18 按【Ctrl+D】组合键，取消选区，效果如图9-46所示。

图9-45 为选区描边　　　　　　　　图9-46 取消选区

19 打开"图标.psd"素材图像，运用移动工具将其拖曳至"导航栏（背景）"图像编辑窗口中的合适位置处，效果如图9-47所示。

20 运用移动工具，适当调整各按钮图标的位置，效果如图9-48所示。

图9-47 拖入素材图像　　　　　　　图9-48 调整位置

高手指引

在 APP 的导航栏中，平行按钮常用于各种子功能之间的切换，位置一般在页面主体偏上区域，但最近也常被放在页面底部。

9.2.3 制作导航栏文字效果

下面主要运用横排文字工具、"字符"面板等，制作导航栏的文字效果。

01 选取工具箱中的横排文字工具，在"字符"面板中设置"字体系列"为"微软雅黑"、"字体大小"为25点、"颜色"为黑色，如图9-49所示。

02 在图像下方输入相应文字，并适当调整其位置，效果如图9-50所示。

图9-49 设置字符属性

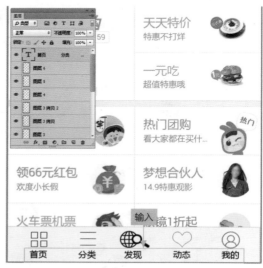

图9-50 输入文字

03 运用横排文字工具选中"首页"文字，并在"字符"面板中设置其"颜色"为绿色（RGB参数值分别为58、186、178），如图9-51所示。

04 执行操作后，即可改变文本颜色，效果如图9-52所示。

图9-51 设置颜色

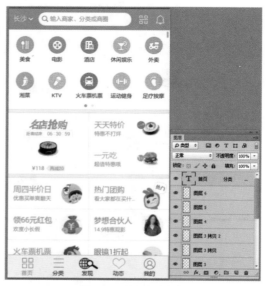

图9-52 改变文本颜色

9.3 屏幕待机列表设计

　　手机的屏幕待机时间是很多手机用户经常设置的内容，可以根据需要调整手机中的背光时间，适当延长或缩短手机屏幕的亮度时间。

　　本实例最终效果如图9-53所示。

图9-53 实例效果

高手指引

在设计移动 APP 界面中的基本元素时，可以使用列表显示同类型的数据或者数据组，如图片、文本等，它可以非常明确地区分多个类型的数据或者单一类型的数据特性，使用户更加容易理解其中的内容。

在移动 APP 界面中，列表主要包含以下几个部分的内容。

- 首行为列表标题：如上图中的"屏幕待机"。
- 图标或者头像：通常位于每行列表的最左侧，用于形象地表达列表内容。
- 列表信息：位于图标或头像的右侧，如上图中的时间部分。
- 次要操作以及信息：用于处理列表内容的相关操作，如上图中的单选按钮。

- **素材文件** | 素材\第9章\屏幕待机列表（背景）.jpg、线条.psd
- **效果文件** | 效果\第9章\屏幕待机列表.psd、屏幕待机列表.jpg
- **视频文件** | 视频\第9章\9.3 屏幕待机列表设计.mp4

9.3.1 制作列表主体效果

　　下面主要运用圆角矩形工具、"描边"图层样式、"投影"图层样式、矩形工具、剪贴蒙版、圆角矩形工具等，制作屏幕待机列表栏的主体效果。

01 单击"文件"|"打开"命令，打开一幅素材图像，如图9-54所示。

图9-54 打开素材图像

02 展开"图层"面板，新建"图层1"图层，如图9-55所示。

图9-55 新建"图层1"图层

03 设置前景色为黑色，按【Alt+Delete】组合键，为"图层1"图层填充前景色，如图9-56所示。

04 设置"图层1"图层的"不透明度"为30%，效果如图9-57所示。

图9-56 填充前景色

图9-57 设置图层不透明度

05 在"图层"面板中，新建"图层2"图层，如图9-58所示。

06 设置前景色为白色，选取工具箱中的圆角矩形工具，在工具属性栏中设置"选择工具模式"为"像素"、"半径"为"8像素"，绘制一个白色圆角矩形，如图9-59所示。

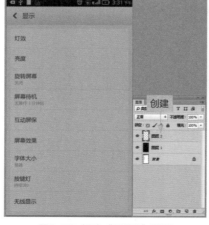

图9-58 新建"图层2"图层

图9-59 绘制白色圆角矩形

高手指引

填充路径的操作方法和填充选区一样，可以在路径范围内填充颜色或图案。

● 在"路径"面板中选择相应路径，单击面板右上方的下三角形按钮 ，在弹出的面板菜单中，选择"填充路径"选项，弹出"填充路径"对话框，单击"确定"按钮，即可填充路径。

● 按钮：在图像编辑窗口中选择需要填充的路径，单击"路径"面板底部的"用前景色填充路径"按钮 。

● 对话框：选择需要填充的路径，按住【Alt】键的同时，单击"路径"面板底部的"用前景色填充路径"按钮 ，在弹出的"填充路径"对话框中设置相应的选项，单击"确定"按钮，即可完成填充。

07 双击"图层2"图层，在弹出的"图层样式"对话框中选中"描边"复选框，在其中设置"大小"为3像素、"位置"为"外部"、"颜色"为白色，如图9-60所示。

08 选中"投影"复选框，在其中设置"距离"为0像素、"扩展"为0%、"大小"为10像素，如图9-61所示。

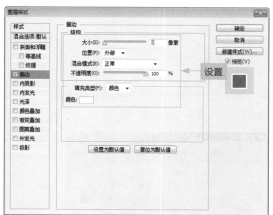

图9-60 设置"描边"参数

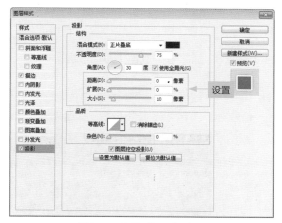

图9-61 设置"投影"参数

09 单击"确定"按钮，即可设置图层样式，效果如图9-62所示。

10 在"图层"面板中，新建"图层3"图层，如图9-63所示。

图9-62 设置图层样式效果

图9-63 新建"图层3"图层

11 设置前景色为灰色（RGB参数值均为238），选取工具箱中的矩形工具，在工具属性栏中设置"选择工具模式"为"像素"，绘制一个灰色的矩形，如图9-64所示。

12 选中"图层3"图层，按【Ctrl＋J】组合键，复制"图层3"图层，得到"图层3拷贝"图层，调整复制的矩形至合适位置，如图9-65所示。

图9-64　绘制一个灰色矩形　　　　　图9-65　拷贝并调整矩形

13 选中"图层3"图层与"图层3拷贝"图层，单击"图层"|"创建剪贴蒙版"命令，隐藏部分图形，如图9-66所示。

14 新建"图层4"图层，设置前景色为白色，选取工具箱中的圆角矩形工具，在工具属性栏中设置"选择工具模式"为"像素"、"半径"为"8像素"，绘制一个白色圆角矩形，如图9-67所示。

图9-66　隐藏部分图形　　　　　　图9-67　绘制白色圆角矩形

15 双击"图层4"图层，在弹出的"图层样式"对话框中，选中"描边"复选框，在其中设置"大小"为1像素、"位置"为"外部"、"颜色"为灰色（RGB参数值均为172），如图9-68所示。

16 选中"投影"复选框，在其中设置"距离"为2像素、"扩展"为0%、"大小"为2像素，如图9-69所示。

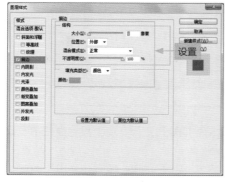
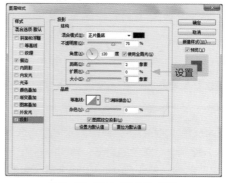

图9-68　设置"描边"参数　　　　　图9-69　设置"投影"参数

高手指引

通过复制与粘贴图层样式操作，可以减少重复操作。在操作时，首先选择包含要复制的图层样式的源图层，在该图层的图层名称上单击鼠标右键，在弹出的快捷菜单中选择"拷贝图层样式"选项。选择要粘贴图层样式的目标图层，它可以是单个图层也可以是多个图层，在图层名称上单击鼠标右键，在弹出的菜单列表框中选择"粘贴图层样式"选项即可。

17 单击"确定"按钮，即可设置图层样式，效果如图9-70所示。

18 打开"线条.psd"素材图像，运用移动工具将其拖曳至"屏幕待机列表（背景）"图像编辑窗口中的合适位置处，效果如图9-71所示。

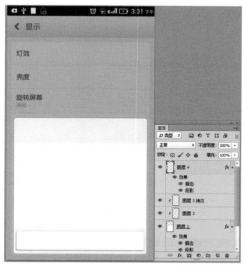

图9-70 设置图层样式效果

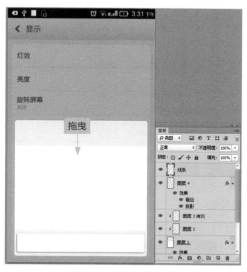

图9-71 添加线条素材

9.3.2 制作列表细节效果

　　下面主要运用椭圆选框工具、"描边"命令、"投影"图层样式、横排文字工具、"字符"面板等，制作屏幕待机列表栏的细节效果。

01 在"图层"面板中，新建"图层5"图层，如图9-72所示。

02 选取工具箱中的椭圆选框工具，按住【Alt】键的同时，绘制一个正圆选区，如图9-73所示。

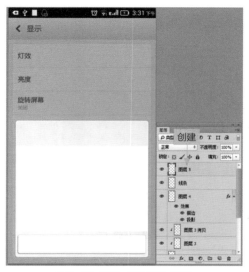

图9-72 新建"图层5"图层

图9-73 绘制一个正圆选区

03 单击"编辑"|"描边"命令，弹出"描边"对话框，在其中设置"宽度"为"4像素"、"颜色"为灰色（RGB参数值均为238），如图9-74所示。

04 单击"确定"按钮，即可为选区描边，并取消选区，如图9-75所示。

图9-74 设置各选项

图9-75 描边选区

05 按【Ctrl+Alt】组合键的同时，复制4个正圆图形，并适当调整其位置，如图9-76所示。

06 新建"图层6"图层，选取工具箱中的椭圆选框工具，按住【Shift】键的同时，绘制一个正圆选区，如图9-77所示。

图9-76 复制4个正圆

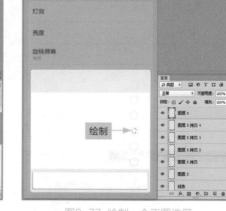

图9-77 绘制一个正圆选区

07 设置前景色为绿色（RGB参数值为118、180、0），如图9-78所示。

图9-78 设置前景色

08 按【Alt＋Delete】组合键，为选区填充前景色，如图9-79所示。

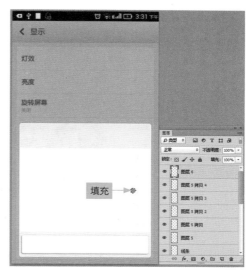

图9-79　填充前景色

09 按【Ctrl＋D】组合键，取消选区，如图9-80所示。

10 双击"图层6"图层，在弹出的"图层样式"对话框中，选中"投影"复选框，在其中设置"距离"为0像素、"扩展"为0%、"大小"为2像素，如图9-81所示。

图9-80　取消选区

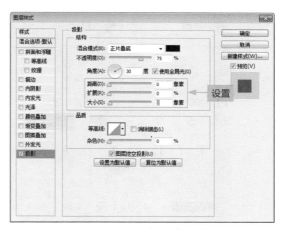

图9-81　设置"投影"参数

高手指引

清除图层样式。

● 在"图层"面板中将图层样式拖曳至"图层"面板删除图层按钮上。

● 如果要一次性删除应用于图层上的所有图层样式，则可以在"图层"面板中拖曳图层名称下的"效果"至删除图层按钮上。

● 在任意一个图层样式上单击鼠标右键，在弹出的快捷菜单中选择"清除图层样式"选项，也可以删除当前图层中所有的图层样式。

11 单击"确定"按钮，即可设置投影样式，效果如图9-82所示。

12 选取工具箱中的横排文字工具，确认插入点，如图9-83所示。

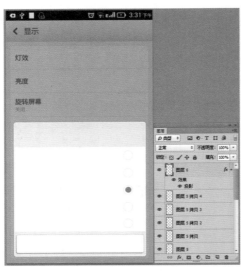

图9-82　设置投影样式效果

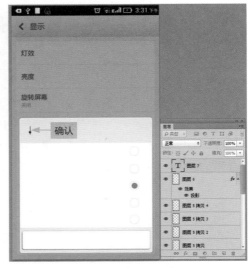

图9-83　确认插入点

13 展开"字符"面板，在"字符"面板中设置"字体系列"为"微软雅黑"、"字体大小"为50点、"颜色"为黑色，如图9-84所示。

14 在图像编辑窗口中输入相应文本，如图9-85所示。

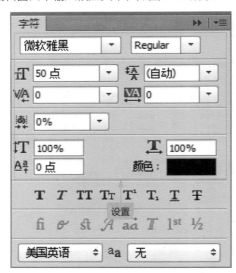

图9-84　设置字符属性

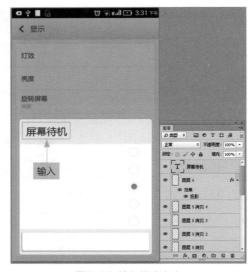

图9-85　输入相应文本

高手指引

在设计移动 APP 界面中的文字效果时，选择文字图层，单击"文字"|"转换为形状"命令，即可将文字转换为有矢量蒙版的形状，此时原文字图层已经不存在，取而代之的是一个形状图层，只能够使用钢笔工具、添加锚点工具等路径编辑工具对其进行调整，而无法再为其设置文字属性。

---

15 运用横排文字工具确认插入点，在"字符"面板中设置"字体系列"为"微软雅黑"、"字体大小"为36点、"颜色"为黑色，如图9-86所示。

16 在图像编辑窗口中输入相应文本，如图9-87所示。

第 1 篇　UI 设计入门　　第 2 篇　APP UI 进阶　　第 3 篇　APP 综合实战

图9-86 设置字符属性

图9-87 输入相应文本

17 用与上同样的方法，输入其他文本，并设置相应属性，效果如图9-88所示。

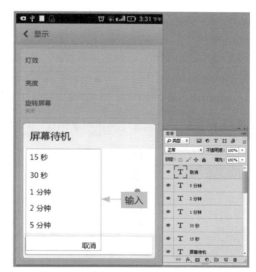

图9-88 输入其他文本

第 **10** 章

手机系统类UI设计

❀ 学前提示

在以智能手机为主的移动设备中，每个不同的系统都有自己的一套规则，它们会对界面的基本元素的设计进行一定的规范。本章将通过制作智能拨号界面、应用程序界面、磁盘清理界面等一系列实例，为读者讲解手机系统类UI的制作方法。

❀ 本章知识重点

- 智能拨号界面设计
- 应用程序界面设计
- 磁盘清理界面设计

❀ 学完本章后应该掌握的内容

- 掌握手机智能拨号界面的设计方法
- 掌握系统应用程序界面的设计方法
- 掌握系统磁盘清理界面的设计方法

❀ 视频演示

磁盘扫描包含以下项目

- 所有垃圾文件
- 多余安装包
- 音视频文件

查找　　设置　　地图

云空间　　相机　　播放器

10.1　智能拨号界面设计

打电话、发短信等是用户们对手机的最基本需求，因此手机中的拨号键盘成为了用户每天都要面对的界面。好的拨号键盘界面可以带给用户更加方便、快捷的使用体验，增加用户对手机的喜爱。

本实例最终效果如图10-1所示。

图10-1　实例效果

● **素材文件** | 素材\第10章\分割线.psd、状态栏1.psd、键盘文字.psd
● **效果文件** | 效果\第10章\智能拨号界面.psd、智能拨号界面.jpg
● **视频文件** | 视频\第10章\10.1　智能拨号界面设计.mp4

10.1.1　制作智能拨号界面主体效果

下面主要运用矩形选框工具、渐变工具等，制作智能拨号界面的主体效果。

01 单击"文件" | "新建"命令，弹出"新建"对话框，设置"名称"为"智能拨号界面"、"宽度"为720像素、"高度"为1280像素、"分辨率"为72像素/英寸、"颜色模式"为"RGB颜色"、"背景内容"为"白色"，如图10-2所示。

02 单击"确定"按钮，新建一个空白图像，设置前景色为黑色，按【Alt + Delete】组合键，为"背景"图层填充前景色，如图10-3所示。

高手指引

在"新建"对话框中，"分辨率"是用于设置新建文件分辨率的大小。若创建的图像用于网页或屏幕浏览，分辨率一般设置为 72 像素 / 英寸；若将图像用于印刷，则分辨率值不能低于 300 像素 / 英寸。

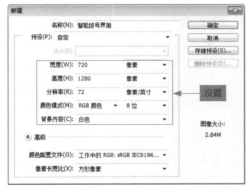

图10-2　"新建"对话框

图10-3　填充前景色

03 展开"图层"面板，新建"图层1"图层，如图10-4所示。

04 选取工具箱中的矩形选框工具，在图像编辑窗口中创建一个矩形选区，如图10-5所示。

图10-4 新建"图层1"图层

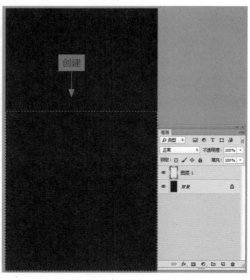

图10-5 创建矩形选区

高手指引

在"新建"对话框中，"分辨率"是用于设置新建文件分辨率的大小。若创建的图像用于网页或屏幕浏览，分辨率一般设置为72像素/英寸；若将图像用于印刷，则分辨率值不能低于300像素/英寸。

05 选取工具箱中的渐变工具，在工具属性栏中单击"点按可编辑渐变"按钮，如图10-6所示。

06 弹出"渐变编辑器"对话框，在渐变色条上设置深蓝色（RGB参数值为22、54、97）和浅蓝色（RGB参数值151、196、249）两个色标，如图10-7所示。

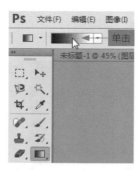

图10-6 单击"点按可编辑渐变"按钮

图10-7 填充径向渐变色

07 单击"确定"按钮，在工具属性栏中选中"反向"复选框，从上到下为矩形选区填充径向渐变，如图10-8所示。

08 按【Ctrl+D】组合键，取消选区，如图10-9所示。

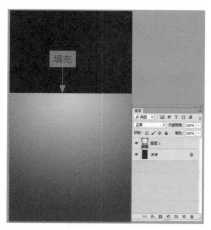

图10-8　填充径向渐变　　　　　　　　　　　　图10-9　取消选区

10.1.2　制作智能拨号界面细节效果

下面主要运用"描边"命令、"投影"图层样式以及添加素材等操作，制作智能拨号界面的细节效果。

01 打开"分割线.psd"素材，将其拖曳至"智能拨号界面"图像编辑窗口中的合适位置处，如图10-10所示。

02 单击"编辑"|"描边"命令，弹出"描边"对话框，设置"宽度"为5像素、"颜色"为黑色，如图10-11所示。

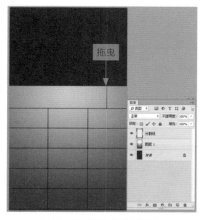

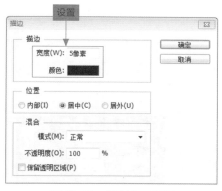

图10-10　拖入分割线素材　　　　　　　　　　图10-11　"描边"对话框

03 单击"确定"按钮，应用"描边"样式，效果如图10-12所示。

04 打开"状态栏1.psd"素材，将其拖曳至"智能拨号界面"图像编辑窗口中的合适位置处，如图10-13所示。

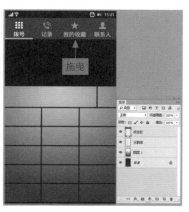

图10-12　应用"描边"样式　　　　　　　　　　图10-13　拖入状态栏素材

05 打开"键盘文字.psd"素材，将其拖曳至"智能拨号界面"图像编辑窗口中的合适位置处，如图10-14所示。

06 双击"键盘文字"图层，在弹出的"图层样式"对话框中选中"投影"复选框，设置"距离"为 1像素、"大小"为1像素，单击"确定"按钮，效果如图10-15所示。

图10-14 添加键盘文字素材

图10-15 添加"投影"图层样式效果

10.2 应用程序界面设计

在手机主页中点击"应用程序"按钮，用户即可进入应用程序界面，这里显示了手机所安装的全部程序和软件，方便用户查找，用户可以在这个界面选择需要的程序直接运行。本节主要向读者介绍设计安卓系统应用程序界面的操作方法。

本实例最终效果如图10-16所示。

图10-16 实例效果

● **素材文件** | 素材\第10章\应用程序界面（背景）.jpg、应用程序界面状态栏.psd、应用程序图标.psd、系统图标.psd、应用商店图标.psd

● **效果文件** | 效果\第10章\应用程序界面.psd、应用程序界面.jpg

● **视频文件** | 视频\第10章\10.2 应用程序界面设计.mp4

10.2.1 设计应用程序界面主体效果

　　下面主要运用矩形选框工具、渐变工具、"描边"图层样式、"投影"图层样式、"内发光"图层样式、"透视"命令等，制作应用程序界面的主体效果。

01 单击"文件"|"打开"命令，打开一幅素材图像，如图10-17所示。

02 展开"图层"面板，新建"图层1"图层，如图10-18所示。

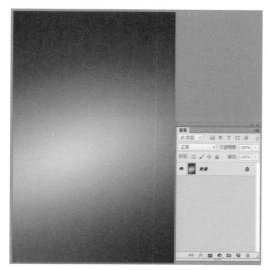

图10-17 打开素材图像

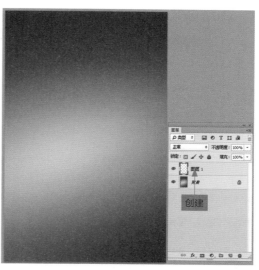

图10-18 新建"图层1"图层

03 打开"应用程序界面状态栏.psd"素材，将其拖曳至"应用程序界面（背景）"图像编辑窗口中的合适位置处，如图10-19所示。

04 选择"图层1"图层，选取工具箱中的矩形选框工具，创建一个矩形选区；如图10-20所示。

图10-19 拖入状态栏素材

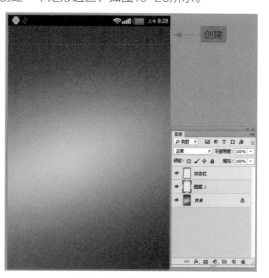

图10-20 创建矩形选区

05 选取工具箱中的渐变工具，设置渐变色为灰色（RGB参数值为84、82、82）到黑色（RGB参数值均为0）再到黑色（RGB参数值均为0）的线性渐变，如图10-21所示。

06 运用渐变工具为选区填充线性渐变，效果如图10-22所示。

图10-21 设置渐变色

图10-22 填充线性渐变

07 按【Ctrl+D】组合键，取消选区，效果如图10-23所示。

08 双击"图层1"图层，在弹出的"图层样式"对话框中，选中"描边"复选框，设置"大小"为3像素、"颜色"为灰色（RGB参数值为130、126、126），如图10-24所示。

图10-23 取消选区

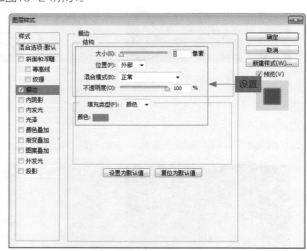

图10-24 设置"描边"参数

09 选中"投影"复选框，设置"距离"为5像素、"扩展"为0%、"大小"为8像素，如图10-25所示。

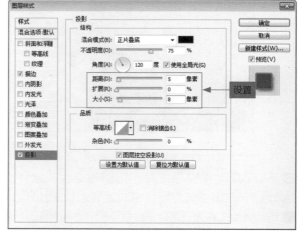

图10-25 设置"投影"参数

10 单击"确定"按钮，即可设置图层样式，效果如图
10-26所示。

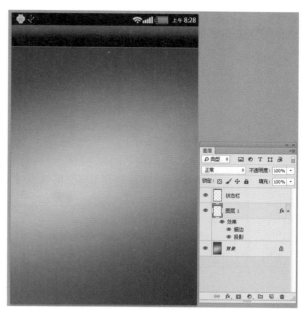

图10-26 应用图层样式效果

11 展开"图层"面板，新建"图层2"图层，如图10-27所示。

12 选取工具箱中的矩形选框工具，创建一个矩形选区，如图10-28所示。

图10-27 新建"图层2"图层

图10-28 创建矩形选区

高手指引

对图像进行处理时，经常需要对所创建的选区进行移动操作，从而使图像更加符合设计的需求。创建选区后再移动选区时，若按【Shift +方向键】组合键，则可以移动 10 像素的距离；若按【Ctrl】键移动选区，则可以移动选区内的图像；使用移动工具移动选区，也可以移动选区内的图像。

13 选取工具箱中的渐变工具，设置渐变色为灰色（RGB参数值均为130）到深灰色（RGB参数值为89、87、87）再到灰色（RGB参数值均为125）的线性渐变色，如图10-29所示。

14 运用渐变工具为选区填充线性渐变，效果如图10-30所示。

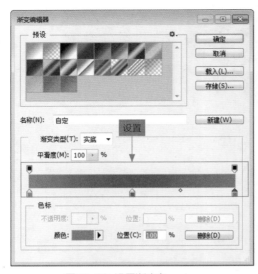

图10-29 设置渐变色

图10-30 填充线性渐变

15 按【Ctrl+D】组合键，取消选区，效果如图10-31所示。

16 双击"图层2"图层，在弹出的"图层样式"对话框中，选中"描边"复选框，在其中设置"大小"为3像素、"颜色"为白色，如图10-32所示。

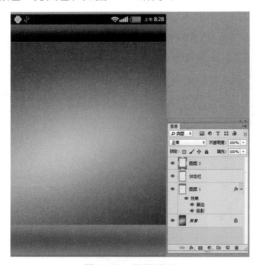

图10-31 取消选区

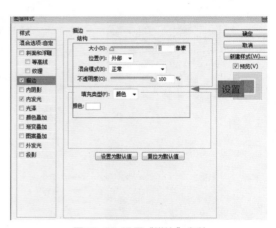

图10-32 设置"描边"参数

17 在"图层样式"对话框中选中"内发光"复选框，设置"阻塞"为0%、"大小"为1像素，如图10-33所示。

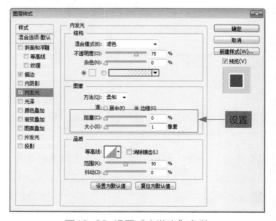

图10-33 设置"内发光"参数

18 单击"确定"按钮，应用图层样式，并设置图层的"不透明度"为60%，效果如图10-34所示。

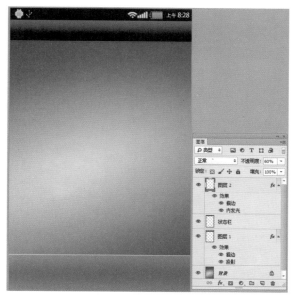

图10-34 应用图层样式效果

19 单击"编辑"|"变换"|"透视"命令，调出变换控制框，调整图像形状并确认，效果如图10-35所示。

20 打开"应用程序图标.psd"素材图像，将其拖曳至"应用程序界面（背景）"图像编辑窗口中，调整至合适位置，如图10-36所示。

图10-35 调整图像形状

图10-36 拖入图标素材

10.2.2 设计安卓应用程序整体效果

下面首先加入图标素材，然后制作应用程序的页面标记符号，最后输入相应的文字，完成应用程序界面设计的整体效果。

01 打开"系统图标.psd"素材图像，将其拖曳至"应用程序界面（背景）"图像编辑窗口中，调整至合适位置，如图10-37所示。

02 展开"图层"面板，新建"图层3"图层，如图10-38所示。

图10-37 拖入图标素材

图10-38 新建"图层3"图层

03 选取工具箱中的椭圆工具，如图10-39所示。

04 设置前景色为深蓝色（RGB参数值为20、143、193），如图10-40所示。

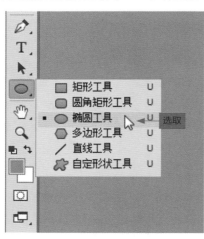

图10-39 选取椭圆工具

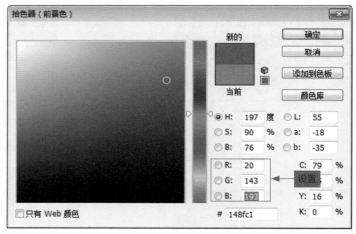

图10-40 设置前景色

高手指引

Photoshop CC 工具箱底部有一组前景色和背景色设置图标，在 Photoshop CC 中，所有被用到的图像中的颜色都会在前景色或背景色中表现出来。可以使用前景色来绘画、填充和描边，使用背景色来生产渐变填充和在空白区域中填充。

此外，在应用一些具有特殊效果的滤镜时，也会用到前景色和背景色。设置前景色和背景色时利用的是工具箱下方的两个色块，默认情况下，前景色为黑色，背景色为白色。

05 在图像中绘制一个椭圆图形，如图10-41所示。

06 双击"图层3"图层，在弹出的"图层样式"对话框中，选中"内阴影"复选框，在其中设置"距离"为0像素、"阻塞"为18%、"大小"为9像素，如图10-42所示。

图10-41 绘制一个椭圆图形

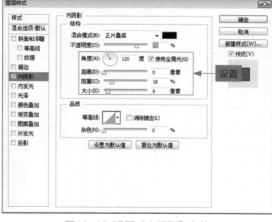

图10-42 设置"内阴影"参数

07 选中"外发光"复选框,在其中设置"发光颜色"为深蓝色(RGB参数值为0、92、177)、"扩展"为0%、"大小"为9像素,如图10-43所示。

08 选中"投影"复选框,设置"距离"为0像素、"扩展"为0%、"大小"为6像素,如图10-44所示。

图10-43 设置"外发光"参数

图10-44 设置"投影"参数

高手指引

可以直接在键盘上按【D】键快速将前景色和背景色调整到默认状态;按【X】键,可以快速切换前景色和背景色的颜色。

09 单击"确定"按钮,设置图层样式,效果如图10-45所示。

图10-45 应用图层样式效果

10 展开"图层"面板，新建"图层4"图层，如图
10-46所示。

图10-46 新建"图层4"图层

11 选取工具箱中的椭圆工具，设置前景色为黄色（RGB参数值为184、146、14），如图10-47所示。

12 在图像上绘制一个椭圆图形，如图10-48所示。

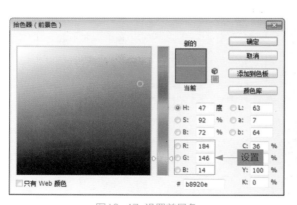

图10-47 设置前景色

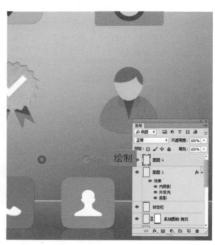

图10-48 绘制黄色椭圆图形

13 复制3个黄色椭圆图像，并调整至合适位置处，如图10-49所示。

14 展开"图层"面板，按住【Ctrl】键的同时依次单击"图层3"图层～"图层4 拷贝3"图层，选中这5个图层，如图10-50所示。

图10-49 复制并调整图像位置

图10-50 选中相应图层

15 选取移动工具，在工具属性栏中依次单击"顶对齐"和"垂直居中分布"按钮，如图10-51所示。

16 展开"图层"面板，新建"圆点"图层组，如图10-52所示。

图10-51　单击相应按钮　　　　　　　　　　　图10-52　新建"圆点"图层组

高手指引

图层组就类似于文件夹，用户可以将图层按照类别放在不同的组内，当关闭图层组后，在"图层"面板中就只显示图层组的名称，单击"图层"|"新建"|"组"命令，弹出"新建组"对话框，设置需要的名称，单击"确定"按钮，即可创建新图层组。

17 将"图层3"图层～"图层4 拷贝3"图层拖曳至"圆点"图层组中，如图10-53所示。

18 在图像窗口中，适当调整"圆点"图层组图像的位置，如图10-54所示。

图10-53　管理图层组　　　　　　　　　　　图10-54　调整图像位置

19 选取横排文字工具，在图像上单击鼠标左键，确认插入点，在"字符"面板中设置"字体系列"为"微软雅黑"、"字体大小"为72点、"颜色"为白色，如图10-55所示。

20 在图像窗口中输入相应文字，如图10-56所示。

图10-55 设置字符参数

图10-56 输入相应文字

21 打开"应用商店图标.psd"素材图像，将其拖曳至"应用程序界面（背景）"图像编辑窗口中，调整至合适位置，如图10-57所示。

22 选取横排文字工具，在图像上单击鼠标左键，确认插入点，在"字符"面板中设置"字体系列"为"微软雅黑"、"字体大小"为50点、"颜色"为白色，如图10-58所示。

图10-57 添加图标素材

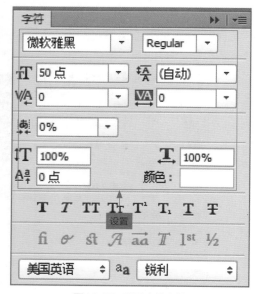

图10-58 设置字符参数

23 在图像窗口中输入相应文字，如图10-59所示。

24 用与上同样的方法，输入其他的文字，完成应用程序界面的设计，最终效果如图10-60所示。

图10-59　输入相应文字

图10-60　输入其他文字

10.3 磁盘清理界面设计

在使用手机时，用户的不正常关机以及磁盘长期堆积下来的问题，都有可能让磁盘产生错误而降低运行效率，对磁盘进行定期的清理可有效地解决这些问题。

本实例最终效果如图10-61所示。

- **素材文件** | 素材\第10章\空间标志.psd、线条.psd、状态栏按钮.psd、文字.psd
- **效果文件** | 效果\第10章\磁盘清理界面.psd、磁盘清理界面.jpg
- **视频文件** | 视频\第10章\10.3 磁盘清理界面设计.mp4

图10-61　实例效果

10.3.1 设计磁盘清理界面主体效果

下面主要运用矩形工具、矩形选框工具、渐变工具、"投影"图层样式、"描边"命令等，制作磁盘清理界面的主体效果。

01 新建一个"名称"为"磁盘清理界面"、"宽度"为720像素、"高度"为1280像素、"分辨率"为72像素/英寸的空白文件，新建"图层1"图层，如图10-62所示。

02 设置前景色为黑色，选取工具箱中的矩形工具，绘制一个黑色矩形，如图10-63所示。

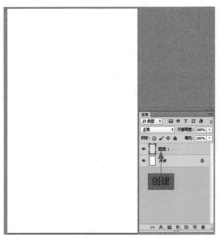
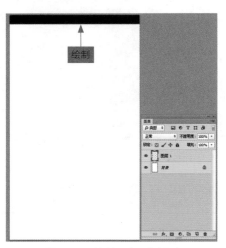

图10-62 新建"图层1"图层　　　　　　　　图10-63 绘制一个黑色矩形

03 展开"图层"面板，新建"图层2"图层，如图10-64所示。

04 选取工具箱中的矩形选框工具，创建一个矩形选区，如图10-65所示。

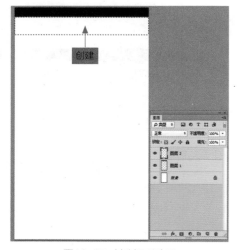

图10-64 新建"图层2"图层　　　　　　　　图10-65 创建矩形选区

高手指引

在 Photoshop CC 中，用户可以对图像进行颜色填充和色调调整，而不会永久地修改图像中的像素，即颜色和色调更改位于调整图层内，该图层像一层透明的膜一样，下层图像及其调整后的效果可以透过它显示出来。

05 选取工具箱中的渐变工具，为选区填充浅灰色（RGB参数值均为220）到灰色（RGB参数值均为180）的线性渐变，如图10-66所示。

06 按【Ctrl+D】组合键，取消选区，如图10-67所示。

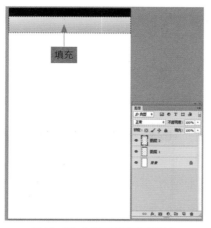

图10-66　为选区填充线性渐变　　　　　　　　　图10-67　取消选区

07 双击"图层2"图层，在弹出的"图层样式"对话框中，选中"投影"复选框，在其中设置"距离"为1像素、"扩展"为0%、"大小"为3像素，如图10-68所示。

08 单击"确定"按钮，设置投影样式，效果如图10-69示。

图10-68　设置"投影"参数　　　　　　　　　图10-69　设置投影样式效果

09 展开"图层"面板，新建"图层3"图层，如图10-70所示。

10 选取工具箱中的矩形选框工具，创建一个矩形选区，如图10-71所示。

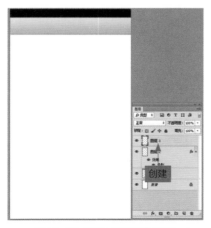

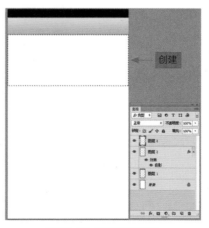

图10-70　新建"图层3"图层　　　　　　　　　图10-71　创建矩形选区

高手指引

如果要将多个图层中的图像内容对齐，可以在"图层"面板中选择图层对象，单击"图层"|"对齐"命令，在弹出的子菜单中选择相应的对齐命令，对齐图层对象。

11 设置前景色为灰色（RGB参数值分别为224、227、231），按【Alt＋Delete】组合键，填充前景色，如图10-72所示。

12 按【Ctrl＋D】组合键，取消选区，如图10-73所示。

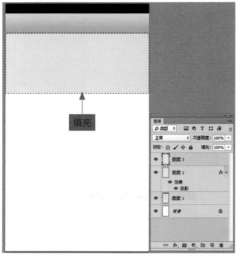

图10-72 填充前景色

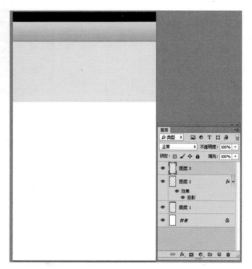

图10-73 取消选区

13 打开"空间标志.psd"素材图像，将其拖曳至"磁盘清理界面.psd"图像编辑窗口中的合适位置处，效果如图10-74所示。

14 单击"编辑"|"描边"命令，弹出"描边"对话框，设置"宽度"为15像素、"颜色"为白色，如图10-75所示。

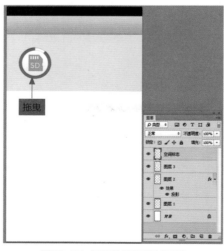

图10-74 打开并拖曳素材图像

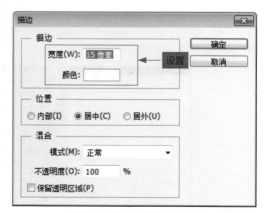

图10-75 设置"描边"参数

15 单击"确定"按钮，描边图像，效果如图10-76所示。

16 双击"空间标志"图层，在弹出的"图层样式"对话框中，选中"投影"复选框，设置"不透明度"为30%、"距离"为0像素、"扩展"为0%、"大小"为10像素，如图10-77所示。

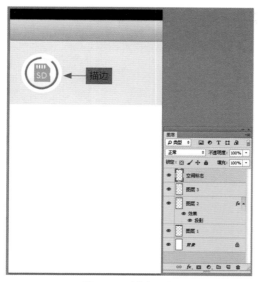

图10-76 描边图像

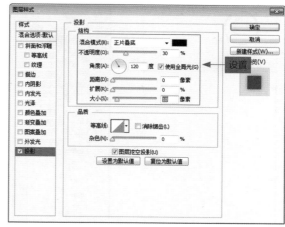

图10-77 设置"投影"参数

17 单击"确定"按钮,即可添加"投影"图层样式,效果如图10-78所示。

18 展开"图层"面板,新建"图层4"图层,如图10-79所示。

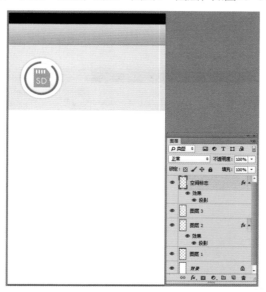

图10-78 添加"投影"图层样式

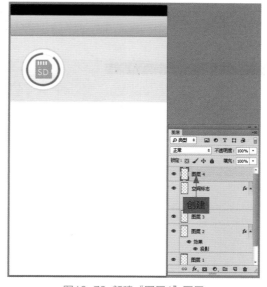

图10-79 新建"图层4"图层

高手指引

在 Photoshop CC 中,对于多余的图层,应该及时将其从图像中删除,以减小图像文件的大小。展开"图层"面板,单击鼠标左键并拖曳要删除的图层至面板底部的"删除图层"按钮 🗑 上,释放鼠标左键,即可删除图层。

另外,单击"图层"|"删除"|"图层"命令,或者在选取移动工具并且当前图像中不存在选区的情况下按【Delete】键,也可以删除图层。

19 设置前景色为灰色(RGB参数值均为150),选取工具箱中的矩形工具,绘制一个矩形图像,如图10-80所示。

20 展开"图层"面板,新建"图层5"图层,如图10-81所示。

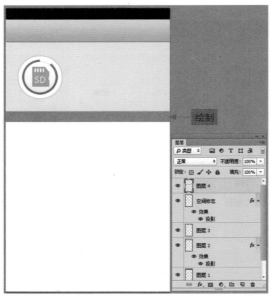

图10-80 绘制矩形图像

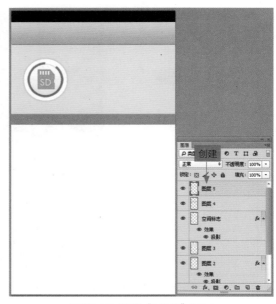

图10-81 新建"图层5"图层

21 设置前景色为浅灰色（RGB参数值均为242），选取工具箱中的矩形工具，绘制一个矩形图像，如图10-82所示。

22 打开"线条.psd"素材图像，将其拖曳至"磁盘清理界面.psd"图像编辑窗口中的合适位置处，效果如图10-83所示。

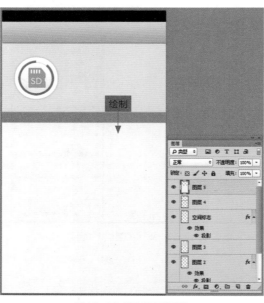

图10-82 绘制矩形图像

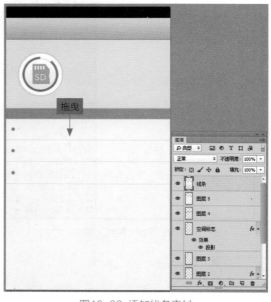

图10-83 添加线条素材

10.3.2 设计磁盘清理界面细节效果

下面主要运用矩形选框工具、"描边"命令、矩形工具以及添加素材等，制作磁盘清理界面的细节效果。

01 展开"图层"面板，新建"图层6"图层，如图10-84所示。

02 选取工具箱中的矩形选框工具，创建一个矩形选区，如图10-85所示。

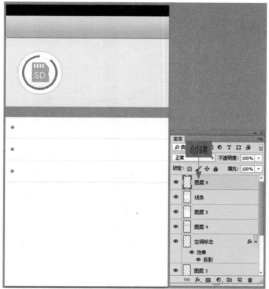

图10-84　新建"图层6"图层

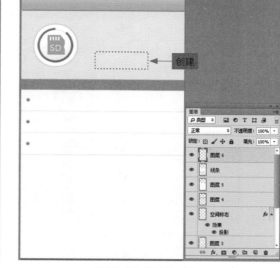

图10-85　创建矩形选区

03 选取渐变工具，为选区填充淡绿色（RGB参数值为243、255、239）到浅绿色（RGB参数值为222、252、218）的线性渐变，如图10-86所示。

04 单击"编辑"|"描边"命令，在弹出的"描边"对话框中，设置"宽度"为2像素、"颜色"为绿色（RGB参数值为37、190、0），如图10-87所示。

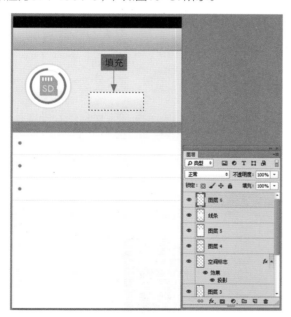

图10-86　填充线性渐变

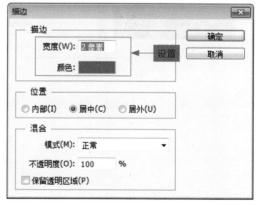

图10-87　设置"描边"参数

05 单击"确定"按钮，描边选区，如图10-88所示。

06 按【Ctrl+D】组合键，取消选区，如图10-89所示。

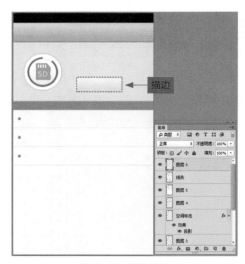

图10-88 描边选区　　　　　　　　　　图10-89 取消选区

07 新建 "图层7" 图层，设置前景色为绿色（RGB参数值为105、188、11），如图10-90所示。

08 选取工具箱中的矩形工具，绘制一个小矩形，如图10-91所示。

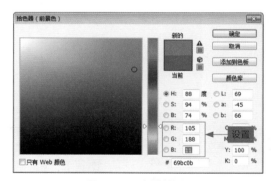

图10-90 设置前景色　　　　　　　　　　图10-91 绘制小矩形

09 新建 "图层8" 图层，设置前景色为深灰色（RGB参数值均为133），如图10-92所示。

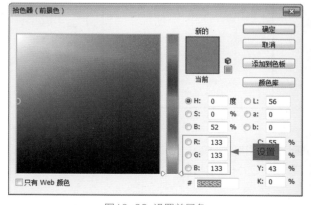

图10-92 设置前景色

10 选取工具箱中的矩形工具，绘制一个小矩形，如图10-93
所示。

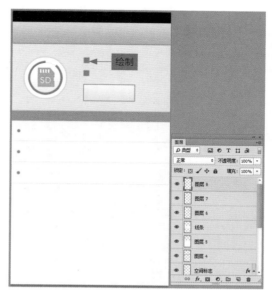

图10-93 绘制小矩形

11 打开"状态栏按钮.psd"素材图像，将其拖曳至"磁盘清理界面"图像编辑窗口中的合适位置处，如图10-94
所示。

12 打开"文字.psd"素材图像，将其拖曳至"磁盘清理界面"图像编辑窗口中的合适位置处，如图10-95所示。

图10-94 打开并拖曳素材图像

图10-95 添加文本素材

第 **11** 章

社交通信类APP界面设计

⚙ **学前提示**

智能手机出现之后，手机通讯的功能正在变弱，而智能社交的部分正在变强，用户停留在微信、QQ空间、微博等社交APP上的时间、精力正在大幅增加。本章将通过制作手机社区APP界面、手机空间APP界面、云社交APP界面等一系列实例，为读者讲解社交通讯类APP UI的制作方法。

⚙ **本章知识重点**

- 手机社区APP界面设计
- 手机空间APP界面设计
- 云社交APP界面设计

⚙ **学完本章后应该掌握的内容**

- 掌握手机社区APP的界面设计方法
- 掌握手机空间APP的界面设计方法
- 掌握云社交APP的界面设计方法

⚙ **视频演示**

11.1 手机社区APP界面设计

越来越多的人喜欢用手机社区APP来交友，通过线上聊天发展成现实中的好朋友也无不可能，这些APP可以为用户带来新的朋友、兴趣话题以及各种活动。下面主要向读者介绍手机社区APP界面的设计方法，本实例最终效果如图11-1所示。

> **高手指引**
>
> 移动APP UI设计的灵活性，简单地说就是要让用户方便地使用，操作的灵活性是互动的多重性，不局限于单一的界面元素。例如，在本实例设计的手机社区APP登录界面中，设计者还可以为其添加其他的社交登录方式，如下面的右图中的微信授权登录。

图11-1 实例效果

- **素材文件**┃素材\第11章\手机社区APP LOGO.psd、手机社区APP状态栏.psd
- **效果文件**┃效果\第11章\手机社区APP界面.psd、手机社区APP界面.jpg
- **视频文件**┃视频\第11章\11.1 手机社区APP界面设计.mp4

11.1.1 制作手机社区APP主体效果

下面主要运用矩形选框工具、圆角矩形工具、渐变工具、"投影"图层样式等，制作手机社区APP界面的主体效果。

01 新建一个"名称"为"手机社区APP界面"、"宽度"为720像素、"高度"为1280像素、"分辨率"为72像素/英寸的空白图像文件，并为"背景"图层填充黑色，如图11-2所示。

02 选取工具箱中的矩形选框工具，绘制一个矩形选区，如图11-3所示。

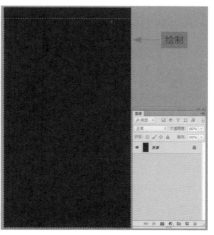

图11-2 填充背景　　　　　　　　图11-3 绘制一个矩形选区

03 在工具箱底部单击前景色色块，弹出"拾色器（前景色）"对话框，设置前景色为灰色（RGB参数值均为211），如图11-4所示，单击"确定"按钮。

04 新建"图层1"图层，按【Alt+Delete】组合键填充选区，并取消选区，如图11-5所示。

图11-4 设置前景色　　　　　　　　　　　　　图11-5 填充选区

05 选取工具箱的圆角矩形工具，在工具属性栏中设置"选择工具模式"为"路径"、"半径"为8像素，绘制一个圆角矩形路径，如图11-6所示。

06 按【Ctrl+Enter】组合键将路径转换为选区，如图11-7所示。

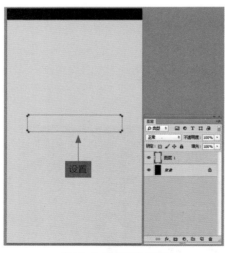

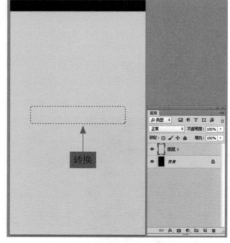

图11-6 绘制圆角矩形　　　　　　　　　　　　图11-7 将路径转变为选区

07 选取工具箱中的渐变工具，在工具属性栏中，单击"点按可编辑渐变"按钮，弹出"渐变编辑器"对话框，在渐变色条中，从左至右分别设置两个色标，色标RGB参数值分别为（85、193、92）、（10、156、21），如图11-8所示。

08 单击"确定"按钮，新建"图层2"图层，从上往下为选区填充线性渐变，如图11-9所示。

图11-8 设置颜色   图11-9 填充线性渐变

09 按【Ctrl+D】组合键，取消选区，如图11-10所示。

10 双击"图层2"图层，弹出"图层样式"对话框，选中"投影"复选框，在其中设置"角度"为-45度、"距离"为1像素、"扩展"为0%、"大小"为10像素，如图11-11所示。

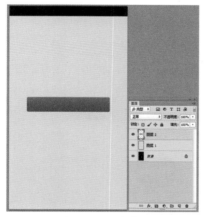

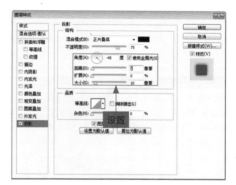

图11-10 取消选区   图11-11 设置"投影"参数

11 单击"确定"按钮，即可设置图层样式，效果如图11-12所示。

12 复制"图层2"图层，得到"图层2拷贝"图层，将复制的图像移动至合适位置，如图11-13所示。

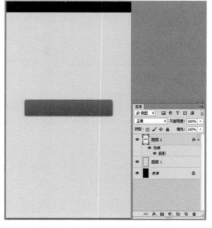

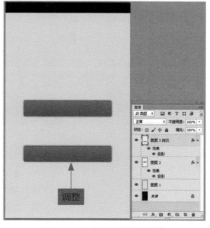

图11-12 设置图层样式效果   图11-13 复制并移动图像

13 按【Ctrl】键，在"图层2拷贝"图层上单击鼠标左键，新建选区，如图11-14所示。

14 选取工具箱中的渐变工具，在工具属性栏中，单击"点按可编辑渐变"按钮，弹出"渐变编辑器"对话框，在渐变色条中，从左至右分别设置两个色标，色标RGB参数值分别均为（211）、（255），如图11-15所示。

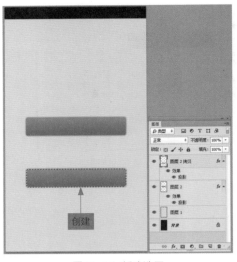

图11-14 新建选区

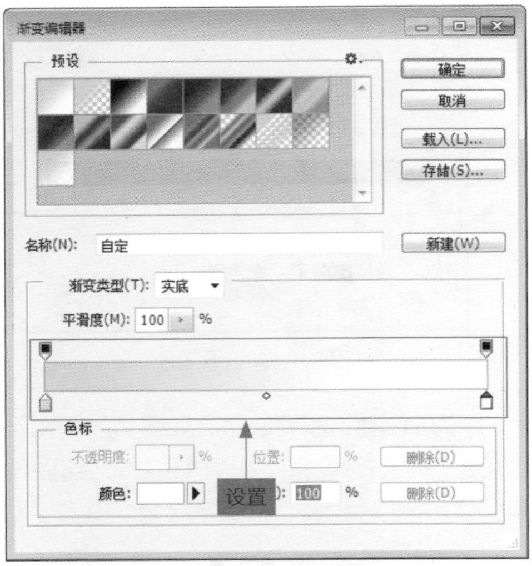

图11-15 设置渐变色

15 单击"确定"按钮，从上往下为选区填充线性渐变，并取消选区，如图11-16所示。

16 打开"手机社区APP LOGO.psd"素材图像，将其拖曳至"手机社区APP界面"图像编辑窗口中，并调整至合适位置，如图11-17所示。

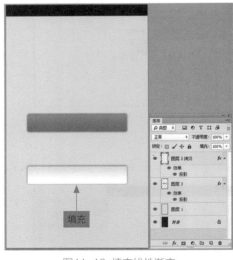

图11-16 填充线性渐变

图11-17 添加LOGO素材

11.1.2 制作手机社区APP文字效果

下面主要运用横排文字工具、"字符"面板、"投影"图层样式等，制作手机社区APP界面的文字效果。

01 打开"手机社区APP状态栏.psd"素材图像，将其拖曳至"手机社区APP界面"图像编辑窗口中，如图11-18所示。

02 选取工具箱中的横排文字工具，确认插入点，在"字符"面板中设置"字体系列"为"微软雅黑"、"字体大小"为"60点"、"颜色"为白色，如图11-19所示。

图11-18 拖曳素材图像

图11-19 设置字符属性

03 在图像上输入相应文本，如图11-20所示。

04 双击文本图层，弹出"图层样式"对话框，选中"投影"复选框，在其中设置"角度"为-45度、选中"使用全局光"复选框、"距离"为2像素、"扩展"为0%、"大小"为8像素，如图11-21所示。

图11-20 输入相应文本

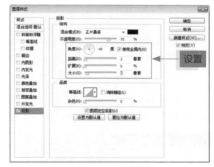

图11-21 设置"投影"参数

05 单击"确定"按钮，即可设置图层样式，效果如图11-22所示。

06 选取工具箱中的横排文字工具，确认插入点，在工具属性栏中设置"字体系列"为"微软雅黑"、"字体大小"为"50点"、"文本颜色"为白色，输入文本，如图11-23所示。

图11-22 设置图层样式效果

图11-23 输入文本

07 选择相应文本图层，单击鼠标右键，在弹出的列表中选择"拷贝图层样式"选项，如图11-24所示。

08 选择相应文本图层，单击鼠标右键，在弹出的列表中选择"粘贴图层样式"选项，如图11-25所示。

图11-24 选择"拷贝图层样式"选项

图11-25 选择"粘贴图层样式"选项

高手指引

当用户只需要复制原图像中的某个图层样式时，可以在"图层"面板中按住【Alt】键的同时，单击鼠标左键并拖曳这个图层样式至目标图层中即可。

09 执行上述操作后，即可为相应文本图层的图像添加图层样式，如图11-26所示。

10 使用同样的方法，设置文本颜色为黑色，输入文本，如图11-27所示。

图11-26 设置图层样式效果

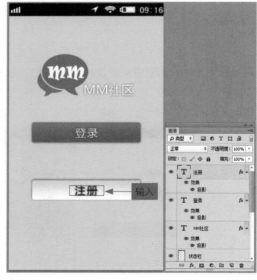

图11-27 输入文本

11 选取工具箱中的横排文字工具，确认插入点，在工具属性栏中设置"字体系列"为"黑体"、"字体大小"为"36点"、"文本颜色"为灰色（RGB参数值均为110），输入文本，效果如图11-28所示。

12 用与上同样的方法，输入其他文本，并设置相应属性，完成手机社区APP界面设计，效果如图11-29所示。

图11-28 输入文本

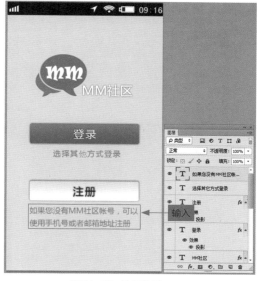

图11-29 最终效果

11.2 手机空间APP界面设计

　　QQ空间是QQ的衍生产品，它同样具有QQ强大的基本功能以及用户渠道。在微信出现前，QQ空间可以说是各年龄层次用户记录心情的一款必备工具。本实例将以QQ空间的"全部动态"界面为例，介绍手机空间类APP界面设计的方法，最终效果如图11-30所示。

图11-30 实例效果

● **素材文件** | 素材\第11章\空间背景.jpg、空间头像.jpg、手机空间APP状态栏.psd、空间菜单栏.psd、天气控件.psd、动态区.psd

● **效果文件** | 效果\第11章\手机空间APP界面.psd、手机空间APP界面.jpg

● **视频文件** | 视频\第11章\11.2 手机空间APP界面设计.mp4

11.2.1 制作手机空间APP主体效果

下面主要运用椭圆选框工具、"反向"命令、"描边"图层样式等，制作手机空间APP的主体效果。

01 新建一个"名称"为"手机空间APP界面"、"宽度"为720像素、"高度"为1280像素、"分辨率"为72像素/英寸的空白图像文件，如图11-31所示。

02 单击"文件"|"打开"命令，打开一幅素材图像，如图11-32所示。

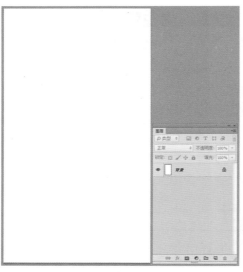

图11-31 新建空白图像

图11-32 打开素材图像

03 运用移动工具将其拖曳至"手机空间APP界面"图像编辑窗口中，并调整至合适大小和位置，效果如图11-33所示。

04 打开"空间头像.jpg"素材图像，运用移动工具将其拖曳至"手机空间APP界面"图像编辑窗口中，并调整至合适大小和位置，如图11-34所示。

图11-33 调整大小和位置

图11-34 添加头像素材

05 选取工具箱的椭圆选框工具，创建一个正圆形选区，如图11-35所示。

06 单击"选择"|"反向"命令，反选选区，如图11-36所示。

第1篇 UI设计入门　第2篇 APP UI进阶　第3篇 APP综合实战

图11-35 创建正圆形选区

图11-36 反选选区

07 按【Delete】键删除选区内的图像，效果如图11-37所示。

08 按【Ctrl+D】组合键，取消选区，如图11-38所示。

09 双击"图层2"图层，弹出"图层样式"对话框，选中"描边"复选框，在其中设置"大小"为5像素、"颜色"为白色，如图11-39所示。

图11-37 删除选区内的图像

图11-38 取消选区

10 单击"确定"按钮，即可设置图层样式，效果如图11-40所示。

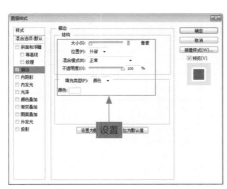

图11-39 设置"描边"参数

图11-40 设置图层样式效果

在"图层"面板中，每个图层都有默认的名称，用户可以根据需要，自定义图层的名称，以利于操作。选择要重命名的图层，双击鼠标左键激活文本框，输入新名称，按【Enter】键，即可重命名图层。

11.2.2 制作手机空间APP细节效果

下面主要运用矩形工具、直线工具、横排文字工具、"投影"图层样式等，制作手机空间APP的细节效果。

01 打开"手机空间APP状态栏.psd"素材图像，将其拖曳至"手机空间APP界面"图像编辑窗口中，如图11-41所示。

02 展开"图层"面板，新建"图层3"图层，如图11-42所示。

图11-41 拖曳素材图像

图11-42 新建"图层3"图层

03 设置前景色为浅灰色（RGB参数值均为248），如图11-43所示。

04 选取工具箱的矩形工具，在工具属性栏中设置"选择工具模式"为"像素"，在图像中绘制一个矩形图形，如图11-44所示。

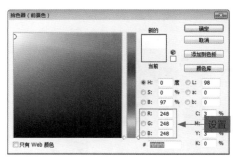

图11-43 设置前景色

图11-44 绘制矩形图形

在 Photoshop CC 中编辑 APP UI 图像时，可以根据个人习惯将窗口移至方便使用的位置。首先选中图像窗口标题栏，单击鼠标左键的同时并拖曳至合适位置，然后释放鼠标左键，即可移动窗口。

05 设置前景色为灰色（RGB参数值均为198），如图11-45所示。

06 选取工具箱的直线工具，在工具属性栏中设置"选择工具模式"为"形状"、"粗细"为1像素，在图像中绘制一条直线图形，如图11-46所示。

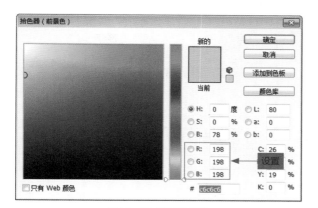

图11-45 设置前景色

图11-46 绘制直线图形

07 用同样的方法，绘制其他的直线图形，并链接相关图层，效果如图11-47所示。

08 打开"空间菜单栏.psd"素材图像，将其拖曳至"手机空间APP界面"图像编辑窗口中，如图11-48所示。

图11-47 绘制其他的直线图形

图11-48 添加菜单栏按钮

09 打开"天气控件.psd"素材图像，将其拖曳至"手机空间APP界面"图像编辑窗口中，如图11-49所示。

10 选取工具箱中的横排文字工具，确认插入点，在"字符"面板中设置"字体系列"为"微软雅黑"、"字体大小"为"36点"、"颜色"为白色，如图11-50所示。

图11-49 添加天气控件素材　　　　　　图11-50 设置字符属性

11 在图像上输入相应文本，如图11-51所示。

12 双击文本图层，弹出"图层样式"对话框，选中"投影"复选框，在其中设置"距离"为0像素、"扩展"为0%、"大小"为1像素，如图11-52所示。

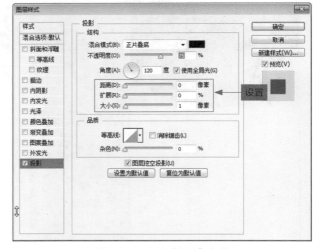

图11-51 输入相应文本　　　　　　图11-52 设置"投影"参数

高手指引

在 Photoshop CC 中，当所打开的移动 APP UI 图像因缩放超出当前显示窗口的范围时，图像编辑窗口的右侧和下方将分别显示垂直和水平的滚动条。此时，用户可以拖曳滚动条或使用抓手工具移动图像窗口的显示区域，以便更好地查看图像。

13 单击"确定"按钮，添加"投影"图层样式，效果如图11-53所示。

14 打开"动态区.psd"素材图像，将其拖曳至"手机空间APP界面"图像编辑窗口中，效果如图11-54所示。

图11-53 添加图层样式效果　　　　图11-54 添加动态区素材

11.3 云社交APP界面设计

如果说微信、QQ以及陌陌等都是基于聊天交友的社交应用，那么云社交则是在此基础上，基于图片、数据等的互联与分享，实现用户之间链接的一种全新移动应用。本实例主要向读者介绍手机云社交APP登录界面的设计，最终效果如图11-55所示。

图11-55 手机云空间登录界面

● **素材文件** | 素材\第11章\云社交APP背景.JPG、按钮组.psd、云社交APP 状态栏.psd、云社交APP LOGO.psd

● **效果文件** | 效果\第11章\云社交APP界面.psd、云社交APP界面.jpg

● **视频文件** | 光盘\视频\第11章\11.3 云社交APP界面设计.mp4

11.3.1 制作云社交APP背景效果

下面主要运用横排文字工具、"字符"面板、"描边"图层样式等，制作云社交APP的文字效果。

01 新建一个"名称"为"云社交APP界面"、"宽度"为640像素、"高度"为1136像素、"分辨率"为72像素/英寸的空白图像文件，如图11-56所示。

02 打开"云社交APP背景.jpg"素材，将其拖曳至"云社交APP界面"图像编辑窗口中，适当调整其大小和位置，效果如图11-57所示。

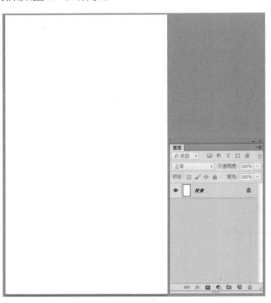

图11-56 新建空白图像文件

图11-57 拖入素材图像

03 单击"图像"|"调整"|"亮度/对比度"命令，弹出"亮度/对比度"对话框，设置"亮度"为15、"对比度"为18，如图11-58所示。

04 单击"确定"按钮，即可调整图像的色彩亮度，效果如图11-59所示。

图11-58 设置"亮度/对比度"参数

图11-59 调整图像的色彩亮度

05 单击"图像"|"调整"|"自然饱和度"命令，弹出"自然饱和度"对话框，设置"自然饱和度"为30、"饱和度"为15，如图11-60所示。

06 单击"确定"按钮，即可调整图像的饱和度，效果如图11-61所示。

图11-60　设置饱和度参数

图11-61　调整图像的饱和度

07 展开"图层"面板，新建"图层2"图层，如图11-62所示。

08 设置前景色为蓝色（RGB参数值为73、126、178），如图11-63所示。

图11-62　新建"图层2"图层

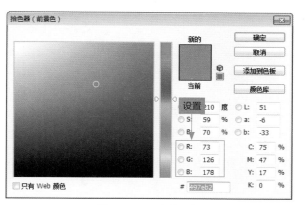

图11-63　设置前景色

09 选取工具箱中的圆角矩形工具，在工具属性栏上设置"选择工具模式"为"像素"、"半径"为10像素，绘制一个圆角矩形，如图11-64所示。

10 双击"图层2"图层，弹出"图层样式"对话框，选中"投影"复选框，在其中设置"距离"为6像素、"扩展"为13%、"大小"为16像素，如图11-65所示。

图11-64 绘制圆角矩形

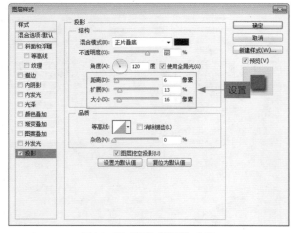

图11-65 设置"投影"参数

11 单击"确定"按钮,应用"投影"图层样式,效果如图11-66所示。

12 在"图层"面板中,设置"图层2"图层的"不透明度"和"填充"均为60%,改变图像的透明效果,如图11-67所示。

图11-66 应用"投影"图层样式效果

图11-67 改变图像的透明效果

高手指引

在 Photoshop CC 中,不透明度用于控制图层中所有对象的透明属性。通过设置图层的不透明度,能够使图像主体突出。

13 打开"按钮组.psd"素材,将其拖曳至"云社交APP界面"图像编辑窗口中的合适位置处,效果如图11-68所示。

14 打开"云社交APP 状态栏.psd"素材,将其拖曳至"云社交APP界面"图像编辑窗口中的合适位置处,如图11-69所示。

图11-68　添加按钮素材

图11-69　添加状态栏素材

11.3.2　制作云社交APP文字效果

　　下面主要运用"亮度/对比度"命令、"自然饱和度"命令、圆角矩形工具、"投影"图层样式等，制作云社交APP的背景效果。

01 打开"云社交APP LOGO.psd"素材，将其拖曳至"云社交APP界面"图像编辑窗口中的合适位置处，如图11-70所示。

02 选取工具箱中的横排文字工具，在编辑区中单击鼠标左键，确认插入点，展开"字符"面板，设置"字体系列"为"方正大标宋简体"、"字体大小"为"80点"、"字距调整"为20点、"颜色"为白色，如图11-71所示。

图11-70　添加LOGO素材

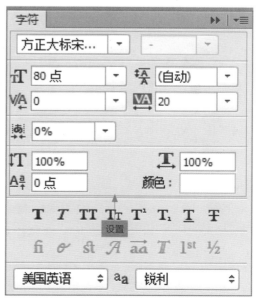

图11-71　设置字符属性

03 在图像编辑窗口中输入相应文本，如图11-72所示。

04 双击文本图层，弹出"图层样式"对话框，选中"描边"复选框，在其中设置"大小"为1像素、"颜色"为绿色（RGB参数值分别为0、255、0），如图11-73所示。

图11-72 输入相应文本　　　　　　　　　　图11-73 设置"描边"参数

05 单击"确定"按钮，应用"描边"图层样式，效果如图11-74所示。

06 复制文字图层，得到相应的复制图层，如图11-75所示。

图11-74 应用"描边"图层样式　　　　　　图11-75 复制文字图层

高手指引

　　文字是多数设计作品尤其是商业作品中不可或缺的重要元素，有时甚至在作品中起着主导作用，Photoshop CC 除了提供丰富的文字属性设计及版式编排功能外，还允许对文字的形状进行编辑，以便制作出更多、更丰富的文字效果。

07 在图像编辑窗口中，适当调整复制文字图层中的图像位置，使文字产生立体效果，如图11-76所示。

08 选取工具箱中的横排文字工具，在编辑区中单击鼠标左键，确认插入点，展开"字符"面板，在其中设置"字体系列"为"黑体"、"字体大小"为"35点"、"字距调整"为20、"文本颜色"为白色，并激活"仿粗体"按钮，如图11-77所示。

图11-76　文字效果

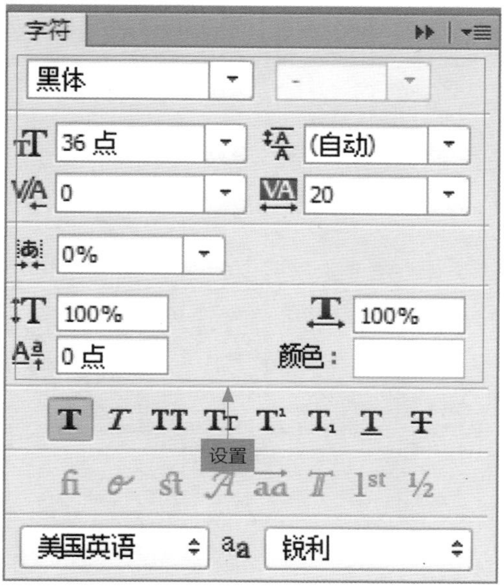

图11-77　设置字符属性

09 在图像编辑窗口中输入相应文本，如图11-78所示。

10 用与上同样的方法，输入其他文本，设置相应属性，完成手机云社交APP登录界面设计，效果如图11-79所示。

图11-78　输入相应文字

图11-79　输入相应文字

第 **12** 章

工具应用类APP界面设计

◎ 学前提示

随着国内移动终端设备和无线网络的逐渐成熟，众多企业开始讲资源倾斜到移动端市场，各类APP应运而生。APP应用成为主流模式，更是移动互联网的重要入口。本章将通过制作移动WiFi登录界面、天气预报APP界面、照片美化APP界面等一系列实例，为读者讲解工具应用类APP界面的制作方法。

◎ 本章知识重点

- 移动WiFi登录界面设计
- 天气预报APP界面设计
- 照片美化APP界面设计

◎ 学完本章后应该掌握的内容

- 掌握移动WiFi登录界面的设计方法
- 掌握天气预报APP的界面设计方法
- 掌握照片美化APP的界面设计方法

◎ 视频演示

12.1 移动WiFi登录界面设计

如今，无论是在何时何处，免费WiFi都处于供不应求的状态。本实例中的手机免费WiFi应用是专门为手机用户打造的一款方便手机上网的软件，本节主要向读者介绍免费WiFi应用登录界面的设计方法。

本实例最终效果如图12-1所示。

图12-1 实例效果

- **素材文件** | 素材\第12章\登录区.psd、状态栏和功能区按钮.psd、WiFi标志.psd、文字1.psd
- **效果文件** | 效果\第12章\移动WiFi登录界面.psd、移动WiFi登录界面.jpg
- **视频文件** | 视频\第12章\12.1 移动WiFi登录界面设计

12.1.1 制作WiFi登录界面背景效果

下面主要运用矩形选框工具、渐变工具、圆角矩形工具等，制作WiFi登录界面的背景效果。

01 新建一个"名称"为"移动WiFi登录界面"、"宽度"为1181像素、"高度"为1890像素、"分辨率"为72像素/英寸的空白图像文件，并填充"背景"图层为黑色，如图12-2所示。

02 选取工具箱中的矩形选框工具，绘制一个矩形选区，如图12-3所示。

图12-2 填充背景　　　　　　　　　　　　图12-3 绘制一个矩形选区

03 新建"图层1"图层，选取工具箱中的渐变工具，在工具属性栏中，单击"点按可编辑渐变"按钮，弹出"渐变编辑器"对话框，设置渐变色条上的色标，RGB参数值分别为（251、230、213）、（217、170、109），如图12-4所示。

04 单击"确定"按钮，从上至下为选区填充线性渐变，并取消选区，如图12-5所示。

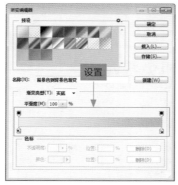

图12-4 设置各选项

图12-5 填充选区

05 选取工具箱中的矩形选框工具，绘制一个矩形选区，如图12-6所示。

06 新建"图层2"图层，选取工具箱中的渐变工具，在工具属性栏中，单击"点按可编辑渐变"按钮，弹出"渐变编辑器"对话框，设置渐变色条上的色标，RGB参数值分别为（236、126、55）、（200、100、29），如图12-7所示。

图12-6 新建选区

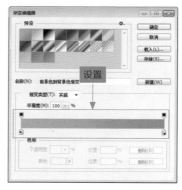

图12-7 设置颜色参数

07 单击"确定"按钮，从上至下为选区填充线性渐变，并取消选区，如图12-8所示。

08 新建"图层3"图层，设置前景色为白色，选取工具箱中的圆角矩形工具，在工具属性栏中设置"选择工具模式"为"像素"、"半径"为"8像素"，绘制一个圆角矩形，如图12-9所示。

图12-8 填充渐变颜色

图12-9 绘制圆角矩形

12.1.2 制作WiFi登录界面主体效果

　　下面主要运用圆角矩形工具、渐变工具、"投影"图层样式、横排文字工具以及添加各类素材等，制作WiFi
登录界面的主体效果。

01 新建"图层4"图层，选取工具箱中的圆角矩形工具，在工具属性栏中设置"选择工具模式"为"路径"、
"半径"为"8像素"，绘制一个圆角矩形路径，如图12-10所示。

02 按【Ctrl+Enter】组合键将路径转换为选区，选取工具箱中的渐变工具，在工具属性栏中，单击"点按可编
辑渐变"按钮，弹出"渐变编辑器"对话框，在渐变色条中，从左至右设置两个色标（色标RGB参数值分别为
（238、127、53）、（213、127、49）），如图12-11所示。

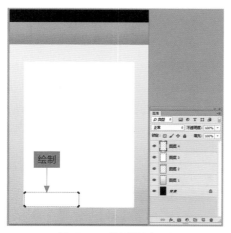

图12-10　绘制圆角矩形

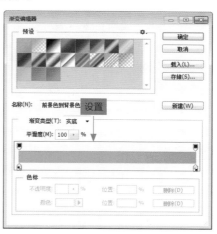

图12-11　设置渐变色

03 单击"确定"按钮，为选区填充线性渐变，并取消选区，效果如图12-12所示。

04 复制"图层4"图层为"图层4拷贝"图层，并将复制的图像移动至合适位置，效果如图12-13所示。

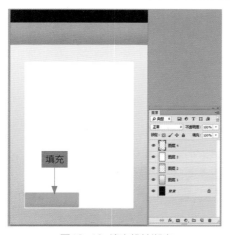

图12-12　填充线性渐变

图12-13　移动图像

高手指引

　　如果要同时处理多个图层中的内容（如移动、应用变化或创建剪贴蒙版），可以将这些图层链接在一起。选择两个或多个
图层，然后单击"图层"|"链接图层"命令或单击"图层"面板底部的"链接图层"按钮 ，可以将选择的图层链接
起来。如果要取消链接，可以选择其中一个链接图层，然后单击"链接图层"按钮 ，即可取消链接。
　　在编辑图像文件时，为了减少磁盘空间的利用，对于没必要分开的图层，可以将它们合并，有助于减少图像文件对磁盘空
间的占用，同时也可以提高系统的处理速度。

05 按住【Ctrl】键，单击"图层4拷贝"图层，新建选区，如图12-14所示。

06 选取工具箱中的渐变工具，为选区填充蓝色（RGB参数值为50、163、240）到浅蓝色（RGB参数值为30、181、235）的线性渐变，并取消选区，如图12-15所示。

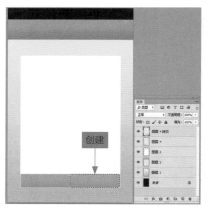

图12-14 新建选区

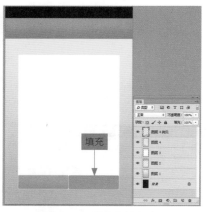

图12-15 填充线性渐变

07 双击"图层4"图层，弹出"图层样式"对话框，选中"投影"复选框，在其中设置"距离"为2像素、"扩展"为0%、"大小"为15像素，如图12-16所示。

08 单击"确定"按钮，即可设置图层样式，如图12-17所示。

图12-16 设置各项参数

图12-17 图层样式效果

09 选择"图层4"图层，单击鼠标右键，在弹出的列表中选择"拷贝图层样式"选项，如图12-18所示。

10 选择"图层4拷贝"图层，单击鼠标右键，在弹出的列表中选择"粘贴图层样式"选项，如图12-19所示。

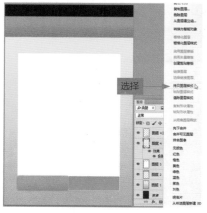

图12-18 选择"拷贝图层样式"选项

图12-19 选择"粘贴图层样式"选项

11 打开"登录区.psd"素材图像，运用移动工具将其拖曳至"移动WiFi登录界面"图像编辑窗口中的合适位置处，效果如图12-20所示。

12 打开"状态栏和功能按钮.psd"素材图像，运用移动工具将其拖曳至"移动WiFi登录界面"图像编辑窗口中的合适位置处，效果如图12-21所示。

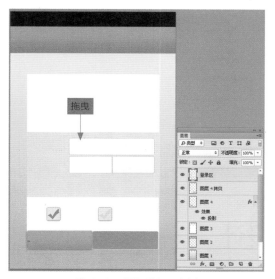

图12-20 添加登录区素材　　　　　　　　　　图12-21 添加状态栏和功能按钮素材

13 选取工具箱中的横排文字工具，确认插入点，在"字符"面板中设置"字体系列"为"微软雅黑"、"字体大小"为"100点"、"字距调整"为20、"颜色"为黑色，效果如图12-22所示。

14 在图像上输入相应文字，效果如图12-23所示。

图12-22 设置字符属性　　　　　　　　　　图12-23 输入文字

15 打开"WiFi标志.psd"素材图像，运用移动工具将其拖曳至"移动WiFi登录界面"图像编辑窗口中的合适位置处，效果如图12-24所示。

16 打开"文字1.psd"素材图像，运用移动工具将其拖曳至"移动WiFi登录界面"图像编辑窗口中的合适位置处，效果如图12-25所示。

图12-24 添加WiFi标志素材　　　　　　图12-25 添加文字素材

12.2 天气预报APP界面设计

在智能移动设备上，经常可以看到各式各样的天气软件，这些天气软件的功能都很全面，除了可以随时随地查看本地和其他地方连续几天的天气和温度，还有其他资讯小服务，是移动用户居家旅行的必需工具。本实例最终效果如图12-26所示。

● **素材文件** | 素材\第12章\天气图标.psd、当日天气.psd、底纹.psd、天气预报APP状态栏.psd、文字2.psd
● **效果文件** | 效果\第12章\天气预报APP界面.psd、天气预报APP界面.jpg
● **视频文件** | 视频\第12章\12.2 天气预报APP界面设计.mp4

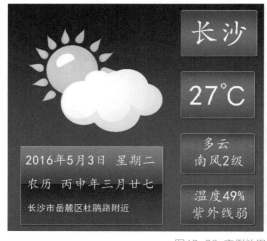

图12-26 实例效果

12.2.1 制作天气预报APP界面背景效果

下面主要运用矩形选框工具、渐变工具、圆角矩形工具、"描边"图层样式、"投影"图层样式等，制作天气预报APP界面的背景效果。

01 单击"文件"|"新建"命令，弹出"新建"对话框，设置"名称"为"天气预报APP界面"、"宽度"为

640像素、"高度"为1135像素、"分辨率"为72像素/英寸、"颜色模式"为"RGB颜色"、"背景内容"为"白色",如图12-27所示。

02 单击"确定"按钮,新建一幅空白图像文件,并填充"背景"图层为黑色,如图12-28所示。

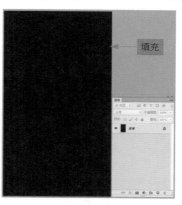

图12-27 设置各项参数　　　　　　　　　　　图12-28 填充颜色

03 选取工具箱中的矩形选框工具,绘制一个矩形选区,如图12-29所示。

04 选取工具箱中的渐变工具,在工具属性栏中,单击"点按可编辑渐变"按钮,弹出"渐变编辑器"对话框,在渐变色条中,从左至右分别设置三个色标,色标RGB参数值分别为(27、7、31)、(118、28、133)、(3、32、50),如图12-30所示。

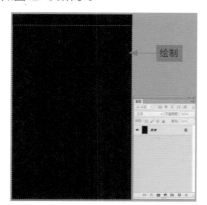

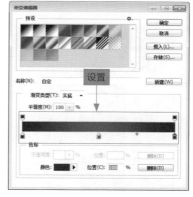

图12-29 绘制选区　　　　　　　　　　　　　图12-30 设置颜色参数

05 单击"确定"按钮,新建"图层1"图层,从下往上为选区填充线性渐变,取消选区,如图12-31所示。

06 打开"天气图标.psd"素材图像,将其拖曳至"天气预报APP界面"图像编辑窗口中的合适位置处,如图12-32所示。

图12-31 填充线性渐变　　　　　　　　　　　图12-32 拖曳素材图像

07 新建"图层2"图层,选取工具箱的圆角矩形工具,在工具属性栏中选择"工具模式"为"路径"、"半径"为8像素,绘制一个圆角矩形路径,如图12-33所示。

08 按【Ctrl+Enter】组合键将路径转换为选区,选取工具箱中的渐变工具,在工具属性栏中,单击"点按可编辑渐变"按钮,弹出"渐变编辑器"对话框,在渐变色条中,从左至右分别设置3个色标(色标RGB参数值分别为(100、13、87)、(158、28、146)、(109、18、101)),如图12-34所示。

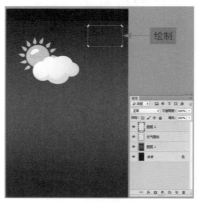

图12-33 绘制圆角矩形

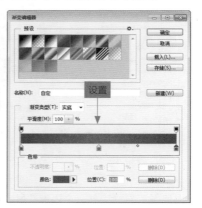

图12-34 设置颜色

09 单击"确定"按钮,从下往上为选区填充线性渐变,按【Ctrl+D】组合键,取消选区,如图12-35所示。

10 双击"图层2"图层,弹出"图层样式"的对话框,选中"描边"复选框,在其中设置"大小"为2像素、颜色为灰色(RGB参数值均为180),如图12-36所示。

图12-35 填充线性渐变

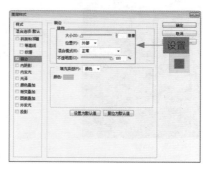

图12-36 设置"描边"参数

11 选中"投影"复选框,在其中设置"距离"为6像素、"扩展"为0%、"大小"为10像素,如图12-37所示。

12 单击"确定"按钮,即可设置图层样式,效果如图12-38所示。

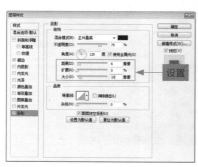

图12-37 设置"投影"参数

图12-38 图层样式效果

12.2.2　制作天气预报APP界面主体效果

　　下面主要运用添加素材、复制图层、横排文字工具以及"字符"面板等，制作天气预报APP界面的主体效果。

01 打开"当日天气.psd"素材图像，将其拖曳至"天气预报APP界面"图像编辑窗口中的合适位置处，如图12-39所示。

02 打开"底纹.psd"素材图像，将其拖曳至"天气预报APP界面"图像编辑窗口中的合适位置处，如图12-40所示。

图12-39　添加素材图像　　　　　　　　　　图12-40　添加底纹素材图像

03 复制"底纹"图层，得到"底纹复制"图层，并移动至合适位置，如图12-41所示。

04 用以上同样的方法，复制多个"底纹"图层，并适当调整其位置，效果如图12-42所示。

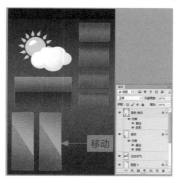
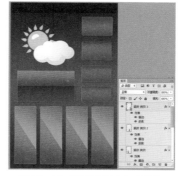

图12-41　复制并移动图像　　　　　　　　　　图12-42　复制并移动多个图像

05 打开"天气预报APP状态栏.psd"素材图像，将其拖曳至"天气预报APP界面"图像编辑窗口中的合适位置处，如图12-43所示。

06 选取工具箱中的横排文字工具，确认插入点，在"字符"面板中设置"字体"为"华文楷体"、"字体大小"为"128点"、"字距调整"为30、"颜色"为白色，如图12-44所示。

图12-43　添加状态栏素材　　　　　　　　　　图12-44　移动素材图像

07 运用横排文字工具输入相应文本，如图12-45所示。

08 打开"文字2.psd"素材图像，将其拖曳至"天气预报APP界面"图像编辑窗口中的合适位置处，如图12-46所示。

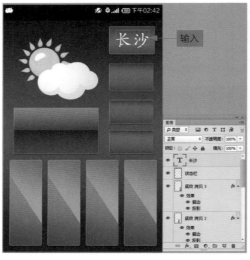

图12-45 输入文本

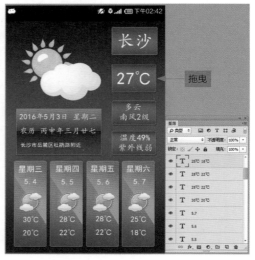

图12-46 输入文本

12.3 照片美化APP界面设计

在五花八门的APP中，照片美化类APP通常备受人们"宠爱"，毕竟"爱美之心，人皆有之"，如美颜相机、美图秀秀、魔漫相机、Camera360、POCO相机、美咖相机、魅拍、布丁相机、天天P图、柚子相机等。本实例主要介绍这种热门的照片美化APP主界面的设计方法，最终效果如图12-47所示。

图12-47 实例效果

● **素材文件** | 素材\第12章\照片美化APP（背景）.jpg、照片美化APP图标.psd、按钮图标.psd、彩条.psd、翻页与设置按钮.psd、文字3.psd

● **效果文件** | 效果\第12章\照片美化APP界面.psd、照片美化APP界面.jpg

● **视频文件** | 视频第12章\12.3 照片美化APP界面设计.mp4

12.3.1 制作照片美化APP界面主体效果

　　下面主要运用圆角矩形工具、渐变工具、"内阴影"图层样式、"外发光"图层样式、"渐变叠加"图层样式等，制作照片美化APP主界面的主体效果。

01 单击"文件"|"打开"命令，打开一幅素材图像，如图12-48所示。

02 打开"照片美化APP图标.psd"素材图像，将其拖曳至"照片美化APP（背景）"图像编辑窗口中，调整其位置，如图12-49所示。

图12-48　打开素材图像

图12-49　添加图标素材

03 新建"图层1"图层，选取圆角矩形工具，在工具属性栏中设置"选择工具模式"为"路径"、"半径"为35像素，绘制一个圆角矩形路径，如图12-50所示。

04 按【Ctrl＋Enter】组合键将路径转换为选区，选取工具箱中的渐变工具，为选区填充浅红色（RGB参数值为255、63、146）到红色（RGB参数值为255、48、108）的线性渐变，并取消选区，如图12-51所示。

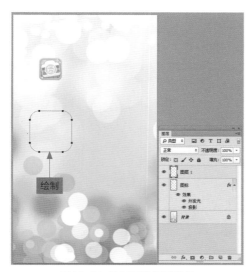

图12-50　绘制圆角矩形路径

图12-51　填充线性渐变

05 双击"图层1"图层，在弹出的"图层样式"对话框中选中"内阴影"复选框，取消选中"使用全局光"复选框，在其中设置"角度"为120度、"距离"为0像素、"阻塞"为22%、"大小"为10像素，如图12-52所示。

06 选中"外发光"复选框，在其中设置"扩展"为0%、"大小"为7像素，如图12-53所示。

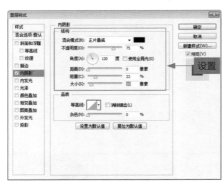
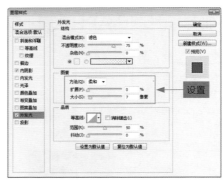

图12-52 设置"内阴影"复选框　　　　　图12-53 设置"外发光"复选框

07 单击"确定"按钮，即可设置图层样式，效果如图12-54所示。

08 复制"图层1"图层，得到"图层1拷贝"图层，运用移动工具调整图像至合适位置，如图12-55所示。

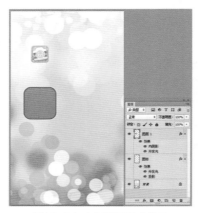
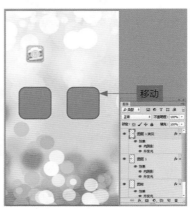

图12-54 应用图层样式效果　　　　　图12-55 复制并移动图像

09 双击"图层1拷贝"图层，弹出"图层样式"对话框，选中"渐变叠加"复选框，在其中设置"混合模式"为"正常"、"渐变"颜色为深黄色（RGB参数值为255、146、71）到浅黄色（RGB参数值为253、175、100），如图12-56所示。

10 单击"确定"按钮，应用"渐变叠加"图层样式，效果如图12-57所示。

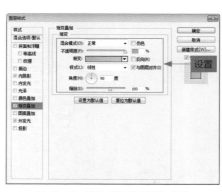
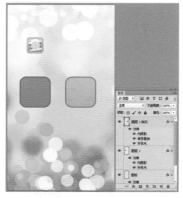

图12-56 设置"渐变叠加"参数　　　　　图12-57 应用"渐变叠加"图层样式

11 打开"按钮图标.psd"素材图像，将其拖曳至"照片美化APP（背景）"图像编辑窗口中，调整图像的位置，效果如图12-58所示。

12 打开"彩条.psd"素材图像，将其拖曳至"照片美化APP（背景）"图像编辑窗口中，调整图像的位置，效果如图12-59所示。

图12-58　添加图标按钮素材　　　　图12-59　添加彩条素材

12.3.2　制作照片美化APP界面文字效果

下面主要运用横排文字工具、"字符"面板等，制作照片美化APP主界面的文字效果。

01 打开"翻页与设置按钮.psd"素材图像，将其拖曳至"照片美化APP（背景）"图像编辑窗口中，调整图像的位置，效果如图12-60所示。

02 选取工具箱中的横排文字工具，确认插入点，在"字符"面板中设置"字体系列"为"幼圆"、"字体大小"为72点、"字距调整"为100、"颜色"为白色（RGB参数值均为255），并激活"仿粗体"图标，如图12-61所示。

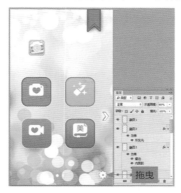

图12-60　添加翻页与设置按钮素材　　　　图12-61　设置字符属性

03 在图像中输入相应文本，双击文本图层，在弹出的"图层样式"对话框中选中"投影"复选框，在其中设置"距离"为1像素、"大小"为5像素，单击"确定"按钮，为文本添加投影样式，如图12-62所示。

04 打开"文字3.psd"素材图像，将其拖曳至"照片美化APP（背景）"图像编辑窗口中，调整图像的位置，效果如图12-63所示。

图12-62　输入文本并添加图层样式　　　　图12-63　添加文字素材

第 **13** 章

影音娱乐类APP界面设计

✹ 学前提示

在设计影音娱乐类移动APP界面时，需要注意应用程序各元素的摆放以及和应用之间的承上启下的关系。
本章将通过制作视频播放APP界面设计、音乐播放APP界面设计、休闲游戏APP界面设计等一系列实例，
为读者讲解影音娱乐类APP界面的制作方法。

✹ 本章知识重点

- 视频播放APP界面设计
- 音乐播放APP界面设计
- 休闲游戏APP界面设计

✹ 学完本章后应该掌握的内容

- 掌握视频播放APP的界面设计方法
- 掌握音乐播放APP的界面设计方法
- 掌握休闲游戏APP的界面设计方法

✹ 视频演示

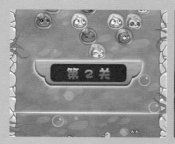  

13.1 视频播放APP界面设计

随着智能手机、平板电脑的出现，视频软件更是得到迅猛发展，大量免费的视频软件为更多用户提供了便利的视频浏览和播放功能。视频软件的播放功能是一般软件使用者最主要的功能之一。本实例主要介绍视频播放APP界面的设计方法，最终效果如图13-1所示。

图13-1 实例效果

- **素材文件** | 素材\第13章\视频播放APP（背景）.jpg、视频播放APP状态栏.psd、万能播.psd、视频播放控制按钮.psd、文字1.psd
- **效果文件** | 效果\第13章\视频播放APP界面.psd、视频播放APP界面.jpg
- **视频文件** | 视频\第13章\13.1 视频播放APP界面设计.mp4

13.1.1 制作视频播放APP界面主体效果

下面主要运用矩形选框工具、圆角矩形工具等，制作视频播放APP界面的主体效果。

01 单击"文件"|"打开"命令，打开一幅素材图像，如图13-2所示。

02 在"图层"面板中，新建"图层1"图层，选取工具箱中的矩形选框工具，绘制一个矩形选区，如图13-3所示。

> **高手指引**
>
> 在"图层"面板中，图层填充参数的设置与不透明度参数的设置一致，两者在一定程度上，都是针对透明度进行调整，数值为100时，完全不透明；数值为50时，为半透明；数值为0时，完全透明。"不透明度"与"填充"的区别在于："不透明度"选项控制着整个图层的透明属性，包括图层中的形状、像素以及图层样式，而"填充"选项只影响图层中绘制的像素和形状的不透明度。

图13-2 打开素材图像

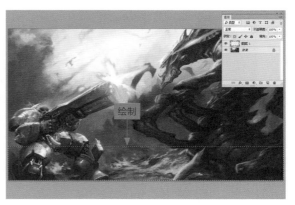

图13-3 绘制矩形选区

03 设置前景色为黑色，按【Alt + Delete】组合键为选区填充颜色，并取消选区，效果如图13-4所示。

04 设置"图层1"图层的"不透明度"为60%，效果如图13-5所示。

图13-4 填充前景色　　　　　　　　　图13-5 设置图层不透明度效果

05 新建"图层2"图层，选取工具箱中的矩形选框工具，绘制一个矩形选区，如图13-6所示。

06 按【Alt+Delete】组合键为选区填充颜色，并取消选区，设置"图层2"图层的"不透明度"为60%，效果如图13-7所示。

图13-6 绘制矩形选区　　　　　　　　图13-7 设置图层不透明度效果

07 打开"视频播放APP状态栏.psd"素材图像，运用移动工具将其拖曳至"视频播放APP（背景）"图像编辑窗口中的合适位置处，效果如图13-8所示。

08 新建"图层3"图层，选取工具箱中的圆角矩形工具，在工具属性栏上设置"选择工具模式"为"像素"、"半径"为25像素，绘制一个黑色的圆角矩形图像，效果如图13-9所示。

图13-8 添加状态栏素材　　　　　　　图13-9 绘制圆角矩形图像

13.1.2 制作视频播放APP界面细节效果

下面主要运用矩形工具、椭圆工具、椭圆选框工具等，制作视频播放APP界面的细节效果。

01 打开"万能播.psd"素材图像，运用移动工具将其拖曳至"视频播放APP（背景）"图像编辑窗口中的合适位置处，效果如图13-10所示。

02 新建"图层4"图层，设置前景色为灰色（RGB参数值均为180），选取工具箱中的矩形工具，在工具属性栏上设置"选择工具模式"为"像素"，绘制一个长条矩形图像，效果如图13-11所示。

图13-10　添加素材图像　　　　　　　　　　　图13-11　绘制一个长条矩形图像

03 新建"图层5"图层，设置前景色为蓝色（RGB参数值分别为40、137、211），选取工具箱中的矩形工具，在工具属性栏上设置"选择工具模式"为"像素"，绘制一个长条矩形图像，效果如图13-12所示。

04 新建"图层6"图层，设置前景色为淡蓝色（RGB参数值分别为177、198、209），选取工具箱中的椭圆工具，在工具属性栏上设置"选择工具模式"为"像素"，绘制一个椭圆图像，效果如图13-13所示。

图13-12　绘制一个长条矩形图像　　　　　　　　　图13-13　绘制椭圆图像

05 运用椭圆选框工具在图像中创建一个椭圆选区，如图13-14所示。

06 按【Delete】键删除选区内图像，并取消选区，效果如图13-15所示。

图13-14　创建椭圆选区　　　　　　　　　　　图13-15　删除选区内图像

07 打开"视频播放控制按钮.psd"素材图像，运用移动工具将其拖曳至"视频播放APP（背景）"图像编辑窗口中的合适位置处，效果如图13-16所示。

08 打开"文字1.psd"素材图像，运用移动工具将其拖曳至"视频播放APP（背景）"图像编辑窗口中的合适位置处，效果如图13-17所示。

图13-16 添加控制按钮素材　　　　　　　　　　　图13-17 添加文字素材

13.2 音乐播放APP界面设计

音乐播放器APP是一种在手机上用于播放各种音乐文件的多媒体播放软件，涵盖了各种音乐格式的播放工具。在手机中运行的音乐播放器，不仅界面美观，而且操作简单，带领用户进入一个完美的音乐空间。

本实例的最终效果如图13-18所示。

图13-18 实例效果

● **素材文件** | 素材\第13章\音乐播放APP（背景）.jpg、音乐播放APP状态栏.psd、标签按钮.psd、专辑封面.jpg、音乐播放控制按钮.psd、文字2.psd

● **效果文件** | 效果\第13章\音乐播放APP界面.psd、音乐播放APP界面.jpg

● **视频文件** | 视频\第13章\13.2 音乐播放APP界面设计.mp4

13.2.1 制作音乐播放APP界面主体效果

下面主要运用"图层"面板、椭圆选框工具、"描边"图层样式等，制作音乐播放APP界面的主体效果。

01 单击"文件"|"打开"命令，打开一幅素材图像，如图13-19所示。

02 在"图层"面板中，新建"图层1"图层，填充图层为深灰色（RGB参数值均为80），并设置"图层1"图层的"混合模式"为"变暗"、"不透明度"为80%，效果如图13-20所示。

图像混合模式用于控制图层之间像素颜色相互融合的效果，不同的混合模式会得到不同的效果。由于混合模式用于控制上下两个图层在叠加时所显示的总体效果，通常为上方的图层选择合适的混合模式。

图13-19　打开素材图像

图13-20　图像效果

03 打开"音乐播放APP状态栏.psd"素材图像，将其拖曳至"音乐播放APP（背景）"图像编辑窗口中的合适位置处，如图13-21所示。

04 打开"标签按钮.psd"素材图像，将其拖曳至"音乐播放 APP（背景）"图像编辑窗口中的合适位置处，如图13-22所示。

图13-21　拖入状态栏素材

图13-22　添加标签按钮素材

在"图层"面板中，应用"颜色加深"模式可以降低上方图层中除黑色外的其他区域的对比度，使合成图像整体对比度下降，产生下方图层透过上方图层的投影效果。

05 打开"专辑封面.jpg"素材图像，将其拖曳至"音乐播放APP（背景）"图像编辑窗口中，并适当调整其大小和位置，效果如图13-23所示。

06 选取工具箱中的椭圆选框工具，在图像中创建一个相应大小的正圆选区，如图13-24所示。

图13-23 添加专辑封面素材

图13-24 创建一个正圆选区

07 反选选区，删除选区内图像并取消选区，效果如图13-25所示。

08 双击"图层2"图层，在弹出的"图层样式"对话框中，选中"描边"复选框，在其中设置"大小"为10像素、"位置"为"外部"、"不透明度"为80%、"颜色"为深灰色（RGB参数值均为80），如图13-26所示。

图13-25 删除部分图像效果

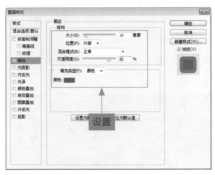

图13-26 设置"描边"参数

09 单击"确定"按钮，即可添加"描边"图层样式，效果如图13-27所示。

10 打开"音乐播放控制按钮.psd"素材图像，将其拖曳至"音乐播放APP（背景）"图像编辑窗口中的合适位置处，如图13-28所示。

图13-27 添加"描边"图层样式

图13-28 添加音乐播放控制按钮素材

13.2.2　制作音乐播放APP界面细节效果

下面主要运用直线工具、椭圆工具等，制作音乐播放APP界面的细节效果。

01 新建"图层3"图层，设置前景色为灰色（RGB参数值均为128），选取工具箱中的直线工具，在工具属性栏上设置"选择工具模式"为"像素"、"粗细"为5像素，绘制一条直线图像，效果如图13-29所示。

02 新建"图层4"图层，设置前景色为绿色（RGB参数值分别为50、195、128），选取工具箱中的直线工具，在工具属性栏上设置"选择工具模式"为"像素"、"粗细"为5像素，绘制一条直线图像，效果如图13-30所示。

图13-29　绘制一条直线图像　　　　图13-30　绘制一条直线图像

03 新建"图层5"图层，选取工具箱中的椭圆工具，在工具属性栏上设置"选择工具模式"为"像素"，绘制一个绿色的正圆图像，效果如图13-31所示。

04 打开"文字2.psd"素材图像，将其拖曳至"音乐播放APP（背景）"图像编辑窗口中的合适位置处，如图13-32所示。

图13-31　绘制正圆图像　　　　图13-32　添加文字素材

13.3　休闲游戏APP界面设计

休闲游戏软件的用户界面，包括游戏画面中的按钮、动画、文字、声音、窗口等与游戏用户直接或间接接触的游戏设计元素。本实例主要介绍手机休闲游戏界面设计的操作方法，最终效果如图13-33所示。

图13-33 实例效果

● **素材文件** | 素材\第13章\游戏画面.jpg、按钮.psd、木纹框.psd、休闲游戏APP状态栏.psd、文字3.psd

● **效果文件** | 效果\第13章\休闲游戏APP界面.psd、休闲游戏APP界面.jpg

● **视频文件** | 视频\第13章\13.3 休闲游戏APP界面设计.mp4

13.3.1 制作休闲游戏APP界面主体效果

下面主要运用矩形选框工具、"描边"图层样式、圆角矩形工具、渐变工具、变换控制框等，制作休闲游戏APP界面的主体效果。

01 新建一幅"名称"为"休闲游戏APP界面"、"宽度"为1181像素、"高度"为1890像素、"分辨率"为72像素/英寸的空白文件，为"背景"图层填充黑色，如图13-34所示。

02 新建"图层1"图层，选取工具箱中的矩形选框工具，绘制一个矩形选区，为选区填充灰色（RGB参数值均为77）到黑色（RGB参数值均为0）再到黑色（RGB参数值均为0）的线性渐变，如图13-35所示，取消选区。

图13-34 填充"背景"图层为黑色   图13-35 填充线性渐变

03 双击"图层1"图层，在弹出的"图层样式"对话框中，选中"描边"复选框，在其中设置"大小"为1像素、"颜色"为灰色（RGB参数值均为172），如图13-36所示。

04 单击"确定"按钮，即可设置图层样式，如图13-37所示。

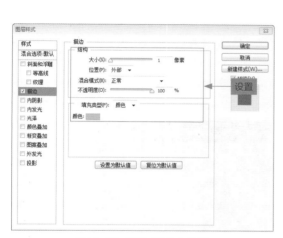

图13-36 设置"描边"参数

图13-37 设置图层样式效果

05 复制"图层1"图层，得到"图层1拷贝"图层，移动图形至合适位置，如图13-38所示。

06 打开"游戏画面.jpg"素材图像，运用移动工具将其拖曳至"休闲游戏APP界面"图像编辑窗口中的合适位置处，效果如图13-39所示。

图13-38 复制并移动图形

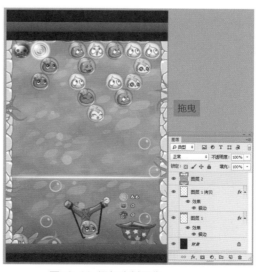

图13-39 添加素材图像

07 新建"图层3"图层,选取工具箱中的圆角矩形工具,在工具属性栏上设置"选择工具模式"为"路径"、"半径"为20像素,绘制一个圆角矩形路径,如图13-40所示。

08 按【Ctrl + Enter】组合键将路径转换为选区,如图13-41所示。

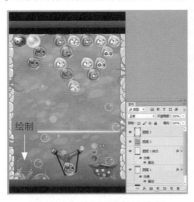
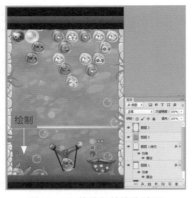

图13-40 绘制圆角矩形路径   图13-41 将路径转换为选区

09 选取工具箱中的渐变工具,为选区填充浅红色(RGB参数值为255、125、50)到红色(RGB参数值为255、73、41)的线性渐变,并取消选区,如图13-42所示。

10 新建"图层4"图层,选取工具箱中的自定义形状工具,在工具属性栏上设置"选择工具模式"为"像素"、"形状"为"三角形",绘制一个黄色(RGB参数值为255、211、49)的三角形图像,如图13-43所示。

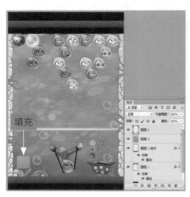
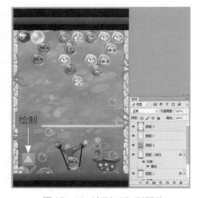

图13-42 填充线性渐变   图13-43 绘制三角形图像

11 按【Ctrl + T】组合键,调出变换控制框,单击鼠标右键,在弹出的快捷菜单中选择"旋转90度(顺时针)"选项,如图13-44所示。

12 执行操作后,即可旋转图像,并调整至合适位置处,效果如图13-45所示。

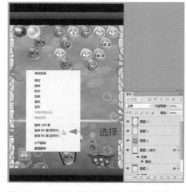
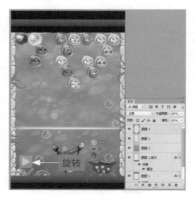

图13-44 选择"旋转90度(顺时针)"
选项

图13-45 旋转图像

13.3.2 制作休闲游戏APP界面细节效果

下面主要运用"外发光"图层样式、横排文字工具、"字符"面板、栅格化文字、渐变工具等,制作休闲游戏APP界面的细节效果。

01 打开"木纹框.psd"素材图像,将其拖曳至"休闲游戏APP界面"图像编辑窗口中,并调整图像至合适位置,如图13-46所示。

02 双击"木纹框"图层,在弹出的"图层样式"对话框中,选中"外发光"复选框,在其中设置"扩展"为10%、"大小"为35像素,如图13-47所示。

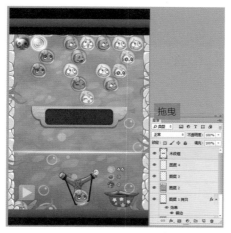

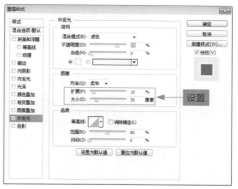

图13-46 打开并拖曳素材图像　　　　　　图13-47 设置"外发光"参数

03 单击"确定"按钮,即可设置图层样式,如图13-48所示。

04 打开"按钮.psd"素材图像,将其拖曳至"休闲游戏APP界面"图像编辑窗口中,并调整图像至合适位置,如图13-49所示。

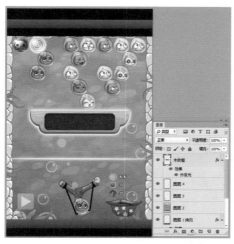

图13-48 设置图层样式效果　　　　　　图13-49 添加按钮素材

05 打开"休闲游戏APP状态栏.psd"素材图像,将其拖曳至"休闲游戏APP界面"图像编辑窗口中,调整图像至合适位置,如图13-50所示。

06 选取工具箱中横排文字工具,在图像上单击鼠标左键,确认插入点,在"字符"面板中设置"字体系列"为"华康海报体"、"字体大小"为100点、"字距调整"为300、"颜色"为棕色(RGB参数值为112、55、20),输入文字,如图13-51所示。

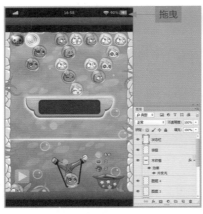
图13-50　添加状态栏素材

图13-51　输入文字

07 复制文本图层，得到"第2关 拷贝"图层，在图层上单击鼠标右键，在弹出的快捷菜单中，选择"栅格化文字"选项，如图13-52所示。

08 按住【Ctrl】键的同时，单击"第2关 拷贝"图层的图层缩览图，新建选区，如图13-53所示。

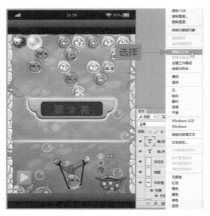
图13-52　选择"栅格化文字"选项

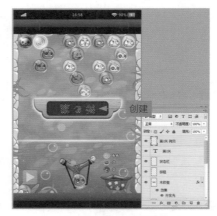
图13-53　建立选区

09 选取工具箱中的渐变工具，为选区填充淡棕色（RGB参数值为251、250、199）到棕色（RGB参数值为180、97、6）再到深棕色（RGB参数值为182、98、5）的线性渐变，并取消选区，如图13-54所示。

10 打开"文字3.psd"素材图像，将其拖曳至"休闲游戏APP界面"图像编辑窗口中，调整图像至合适位置，如图13-55所示。

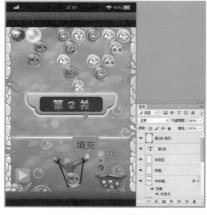
图13-54　填充线性渐变

图13-55　添加文字素材